探索魅力科学

TANSUOMEILIKEXUE

创造与发明

CHUANGZAOYUFAMING

中国长安出版社

图书在版编目（CIP）数据

创造与发明/《探索魅力科学》编委会编 . —北京：
中国长安出版社，2012.6
（探索魅力科学）
ISBN 978 - 7 - 5107 - 0531 - 1

Ⅰ.①创… Ⅱ.①探… Ⅲ.①创造发明 - 世界 - 普及
读物 Ⅳ.①N19 - 49

中国版本图书馆 CIP 数据核字（2012）第 133137 号

创造与发明

《探索魅力科学》编委会　编

出　版：中国长安出版社

社　址：北京市东城区北池子大街 14 号（100006）

网　址：http://www.ccapress.com

邮　箱：ccapress@yahoo.com.cn

发　行：中国长安出版社

电　话：(010) 85099947　85099948

印　刷：北京市艺辉印刷有限公司

开　本：710 毫米 ×1000 毫米　16 开

印　张：9

字　数：120 千字

版　本：2012 年 10 月第 1 版　2012 年 10 月第 1 次印刷

书　号：ISBN 978 - 7 - 5107 - 0531 - 1

定　价：21.40 元

1 创造，让世界更美好

从豌豆杂交到基因工程 ……… 2

最不可思议的发明——克隆

　　技术 ……… 4

预防小儿麻痹——脊髓灰质炎

　　疫苗 ……… 6

牛痘接种法——远离"天花"的

　　噩梦 ……… 8

血型的发现和输血的发明 ……… 10

跨越生命奇迹——人工合成

　　胰岛素 ……… 11

人造心脏——延长人类寿命的

　　机器 ……… 12

无土栽培——长在"水"上的

　　蔬果 ……… 14

微观世界的展现——电子

　　显微镜 ……… 15

互联网——步入虚拟世界 ……… 16

电脑——让人类步入新的时代 ……… 18

微电子时代的标志——集成

　　电路 ……… 20

柴油机——现代化的动力 ……… 21

机器人——不吃饭的

　　"小家伙" ……… 22

海上"变形金钢"——

　　航空母舰 ……… 24

悬空无轮列车——磁悬浮列车 ……… 26

轮船——海上交通工具 ……… 28

潜水艇——水下的"杀手" ……… 30

航天最基本的工具——火箭 ……… 32

人类的飞天梦——飞机 ……… 34

载人航天器——载人飞船 ……… 36

天文望远镜——探索宇宙的

　　"眼睛" ……… 38

围绕地球的航天器——人造

　　卫星 ……… 39

太空中的航空母舰——空间站 ……… 40

裂变链式反应装置——

　　核反应堆 ……… 42

让世界变得细小——全球定位

　　系统 ……… 44

雷达——神奇的眼睛 ……… 46

汽车——让出行更为便利 ……… 48

2 发明，走进奇异世界

橡皮泥——现代的"泥巴" ……… 50

尼龙——柔软的"钢丝" ……… 52

橡胶——珍贵的眼泪 ……… 54

玻璃——五光十色的"珠宝" ……… 56

火柴——燃烧的火焰 ……… 58

电池——携带方便的电源 ……… 60

电灯——光明的传递者 ……… 62

染料——创造缤纷世界 ……… 64

罐头食品——拿破仑悬赏征集的

　　"秘方" ……… 66

可口可乐——药水变汽水 ……… 68

眼镜——让世界更清晰 ……… 70

肥皂——神通广大的

　　"清洁夫" ……… 71

拉链——神奇的扣子 ·············· 72
牛仔裤——帆布成为时尚 ·········· 73
邮票——不需付邮资的信 ·········· 74
抽水马桶——卫生水准的量尺 ··· 75
钟表——记下时间的足迹 ········ 76
保温瓶——装满热水的
　　"宝瓶" ······················ 77
高压锅——烹饪的好帮手 ········ 78
缝纫机——"飞针走线" ·········· 79
微波炉——神奇的炉子 ·········· 80
照相机——影像的记录者 ········ 82
空调——让房间远离严寒和
　　酷暑 ·························· 84
电视机——神奇的"魔盒" ········ 86
太阳能技术——人类的福音 ······ 87
计算机病毒——世界公敌 ········ 88
牙刷——口腔卫士 ················ 90

3 中国历史上的发明家

鲁班——木匠"祖师爷" ·········· 92
嫘祖——"先蚕娘娘" ············ 94
蔡伦——造纸术发明者 ·········· 96
诸葛亮——全能的智者 ·········· 98
马钧——龙骨水车创造者 ········ 100
毕昇——活字印刷术 ············ 102

张衡——地动仪 ·················· 104
苏颂——天象仪 ·················· 105
曲焕章——云南白药发明人 ······ 106
华佗——妙手回春的神医 ········ 107
侯德榜——开创制碱业的
　　新纪元 ························ 108
王选——"当代毕昇"
王选——"当代毕昇" ············ 109
袁隆平——"杂交水稻之父" ··· 110
王永民——五笔字型的发明者 ··· 112

4 世界历史上的发明家

约翰·古登堡——推动世界
　　文明的巨人 ·················· 114
富兰克林——避雷针的发明者 ··· 116
瓦特——蒸汽机车的发明者 ······ 118
奥托——"内燃机之父" ·········· 120
达·芬奇——天才的发明家 ······ 122
戴姆勒——"奔驰汽车之父" ··· 124
亚历山德罗·伏特——
　　富有智慧的伯爵 ·············· 126
贝尔——"电话之父" ············ 128
冯·诺依曼——
　　"计算机之父" ················ 130
诺贝尔——"炸药之王" ·········· 132
马可尼——"无线电之父" ········ 134
亨利·贝塞麦——转炉
　　炼钢法的开创者 ·············· 136
爱迪生——1000多种发明的
　　拥有者 ························ 138
威廉·拉姆赛——霓虹灯的
　　发明者 ························ 140

第一部分
PART ONE

创造，让世界更美好
CHUANGZAORANGSHIJIEGENGMEIHAO

当我们想要将食物更长久的保存起来时，我们便创造出了冰箱；当我们想更快更便捷的出行时，我们便创造了飞机、火车、汽车、自行车等交通工具；当我们想起远方的朋友时，拿起手中的电话，送去真诚的问候……

创造，无时不刻的伴随着人类文明的进程中，也许只是一个不经意的瞬间，就会让我们的生活变得更为美好。

DNA重组技术的具体内容就是采用人工手段将不同来源的含某种特定基因的DNA片段进行重组，以达到改变生物基因类型和获得特定基因产物目的的一种高科学技术。

从豌豆杂交到基因工程

CONGWANDOUZAJIAODAOJIYINGONGCHENG

▶ 孟德尔豌豆实验

进化论刚刚问世之初，被称为"现代遗传学之父"的奥地利人孟德尔刚开始进行豌豆实验。起初，孟德尔豌豆实验并不是有意为探索遗传规律而进行的。他的初衷是希望获得优良品种，只是在试验的过程中，发现了生物遗传的基本规律，逐步把重点转向了这个鲜为人知的课题，并得到了相应的数学关系式。人们称他的发现为"孟德尔第一定律"，这个定律揭示了生物遗传奥秘的基本规律。

豌豆的杂交实验从1856年至1864年共进行了8年。孟德尔将其研究的结果整理成论文《植物杂交试验》发表，当时未能引起学术界的重视，一直被埋没了35年之后，来自三个国家的三位学者同时独立地

孟德尔（1822~1884）

发现了孟德尔遗传定律。1900年，成为遗传学史乃至生物科学史上划时代的一年。从此，遗传学进入了孟德尔时代。

▶ "核酸"的来源

1869年，瑞士生物学家米歇尔从脓细胞中提取到了一种富含磷元素的酸性化合物，因存在细胞核中而将它命名为"核质"。

"核酸"这一名词在米歇尔发现"核质"20年以后才正式启用。早期的研究仅将核酸看成细胞中的一般化学成分，没有人注意到它在生物体内的重要性。

▶ 转化因子

蛋白质的发现比核酸早30年，发展迅速。进入20世纪时，组成蛋白质的20种氨基酸中已有12种被发现，到1940年则全部被发现。1902年，德国化学家费歇尔提出氨基酸之间以肽链相连接而形成蛋白质的理论，1917年他合成了由15个甘氨酸和3个亮氨酸组成的18个肽的长链。有的科学家设想，如果核酸参与遗传作用，也必然是与蛋白质连在一起的核蛋白在起作用。因此，那时生物界普遍倾向于认为蛋白质是遗传信息的载体。

▶ DNA的结构

1928年，美国科学家格里菲斯发现了核酸，他将核酸称为"转化因子"。1944年，美国细菌学家艾弗里在这方面做了大量的研究工作，发现了DNA（脱氧核糖

DNA修复是细胞对DNA受损伤后的一种反应，这种反应可能使DNA结构恢复原样，重新能执行它原来的功能，但有时并非能完全消除DNA的损伤，只是使细胞能够耐受这DNA的损伤而能继续生存。

核酸）。1953年克里克绘制出DNA的双螺旋线结构图。

奥地利生物化学家查加夫对核酸含量的重新测定取得了成果，他认为如果不同的生物种是由于DNA的不同而造成的，则DNA的结构必定十分复杂，否则难以适应生物界的多样性。他经过多次反复实验，结果表明，DNA分子中的碱基是配对存在的，并为探索DNA分子结构提供了重要的线索和依据。

DNA双螺旋结构被发现后，极大地震动了学术界，启发了人们的思想。从此，人们以遗传学为中心开展了大量的分子生物学的研究。1967年，遗传密码全部被破解，基因从而在DNA分子水平上得到新的概念。它表明：基因实际上就是控制生物性状的遗传物质的功能单位和结构单位。在这个单位片段上的许多核苷酸不是任意排列的，而是以有含意的密码顺序排列的，基因对性状的控制是通过DNA控制蛋白质的合成来实现的。

DNA双螺旋结构模型的提出，则是开启生命科学新阶段的又一座里程碑。由此，人类开始进入改造、设计生命的征程。

🐟 基因工程

1971年，美国微生物学家内森斯和史密斯在细胞中发现了一种"限制性核酸内切酶"，这种酶能在DNA上核苷酸的特定连接处以特定的方式把DNA双链切开。此外，他们又发现了另一种"DNA连接酶"，这种酶能把两股DNA重新连接起来，从而为干预生物体的遗传物质，改造生物体的遗传特性，直至创造新生命

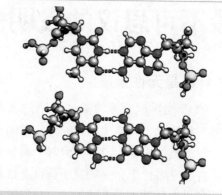

DNA双螺旋结构

的类型奠定了物质基础。在这样的科学背景下，基因工程应运而生了。

1973~1974年，美国斯坦福大学教授科恩领导他的小组，先后三次对大肠杆菌进行了DNA重组实验，均获得了成功。之后，科恩教授以DNA重组技术发明人的身份向美国专利局申报了世界上第一个基因工程的技术专利。

由科恩为首的科研小组首次取得成功的基因工程的研究，不仅打破了不同物种在亿万年中形成的天然屏障，预示着任何不同种类生物的基因都能通过基因工程技术重组到一起。科恩的专利也同样标志着人类确实可以以自己的意愿、目的，定向地改造生物的遗传特性，甚至创造新的生命类型。科恩的专利技术引起了全球轰动，在短短几年中，世界上许多国家的上百个实验室开展了基因工程的研究。

用基因工程创造新生物的最大优越性是可以在短期内培育出新的生物类型，而且可以由基因工程创造的新生物生产人们期望的生物产品。除了生长激素抑制因子外，还有如胰岛素、干扰素等，都可以用基因工程的方法获得。

克隆可以挽救濒危动物，保持人群性别的合理平衡，保护少数民族遗传基因。更重要的是，克隆人可被用来研究，以比较和证明环境与遗传对人成长究竟哪一个更重要。

最不可思议的发明——克隆技术

ZUIBUKESIYIDEFAMING—KELONGJISHU

什么是无性繁殖

在动物界也有无性繁殖，不过多见于非脊椎动物，如原生动物的分裂繁殖、尾索类动物的出芽生殖等。但对于高级动物，在自然条件下，一般只能进行有性繁殖，所以要使其进行无性繁殖，科学家必须经过一系列复杂的操作程序。

英国和其他国家在20世纪80年代后期开始利用胚胎细胞作为供体，研究"克隆"哺乳动物。

1997年2月23日，英国爱丁堡罗斯林研究所的科学家宣布，他们的研究小组利用山羊的体细胞成功地"克隆"出一只基

克隆羊

因结构与供体完全相同的小羊"多莉"，世界舆论为之哗然。"多莉"的特别之处在于新生命的诞生没有精子的参与。研究人员先将一个绵羊卵细胞中的遗传物质吸出去，使其变成空壳，然后从一只6岁的母羊身上取出一个乳腺细胞，将其中的遗传物质注入卵细胞空壳中。这样就得到了一个含有新的遗传物质但却没有受过精的卵细胞。这一经过改造的卵细胞分裂、增殖形成胚胎，再被植入另一只母羊子宫内，随着母羊的成功分娩，"多莉"来到了世界。

克隆定义

克隆是从英文"clone"音译过来的，意思是"无性繁殖"。简单讲，就是一种人工诱导的无性繁殖方式。但克隆与无性繁殖是不同的。无性繁殖是指不经过雌雄两性生殖细胞的结合，只由一个生物体产生后代的生殖方式，常见的有孢子生殖、出芽生殖和分裂生殖。

克隆的基本过程是先将含有遗传物质的供体细胞核移植到去除了细胞核的卵细胞中，利用微电流刺激等使两者融合为一体，然后促使这一新细胞分裂繁殖发育成胚胎，当胚胎发育到一定程度后，再被植入动物子宫中使动物怀孕，便可产下与提供细胞者基因相同的动物。这一过程中如果对供体细胞进行基因改造，那么无性繁殖的动物后代基因就会发生相同的变化。

春天里，人们剪下植物枝条，插到

土里，不久就会发芽，长出新的植株，这些植株是遗传物质组成完全相同的植株，这就是"克隆"。还有将马铃薯等植物的块茎切成许多小块进行繁殖，由此而长出的后代也是"克隆"。所有这些都是植物的无性繁殖，或称为"克隆"，它非常普遍。

潘多拉的魔盒

克隆人，真的如潘多拉盒子里的魔鬼一样可怕吗？实际上，人们不能接受克隆人实验的最主要原因，在于传统伦理道德观念的阻碍。千百年来，人类一直遵循着有性繁殖方式，而克隆人却是实验室里的产物，是在人为操纵下制造出来的生命。

尤其在西方，"抛弃了上帝，拆离了亚当与夏娃"的克隆，更是遭到了许多宗教组织的反对。而且，克隆人与被克隆人之间的关系也有悖于传统的由血缘确定亲缘的伦理方式。所有这些，都使得克隆人无法在人类传统伦理道德里找到合适的安身之地。

但是，正如科学家所言："克隆人出现的伦理问题应该正视，但没有理由因此而反对科技的进步"。人类社会自身的发

伊恩·维尔穆特和克隆羊多莉

展告诉我们，科技带动人们的观念更新是历史的进步，而以陈旧的观念来束缚科技发展，则是僵化。

克隆技术成功的实践意义

1. 应用克隆技术，繁殖优良物种。

2. 建造动物药厂，制造药物蛋白。利用转基因技术将药物蛋白基因转移到动物中并使之在乳腺中表达，产生含有药物蛋白的乳汁，并利用克隆技术繁殖这种转基因动物，大量制造药物蛋白。

3. 建立实验动物模型，探索人类发病规律。

4. 克隆异种纯系动物，提供移植器官。

5. 拯救濒危动物，保护生态平衡。克隆技术的应用可望人为地调节自然动物群体的兴衰，使之达到平衡发展。

知识链接

克隆羊多莉档案：

名字：Dolly

性别：雌

编号：6113

出生日期：1996年7月5日

出生地点：英国爱丁堡市罗斯林研究所

死亡日期：2003年2月14日

死亡原因：被确诊患有进行性肝病，实施安乐死

家族性周期性瘫痪比较少见，症状一般为无热，突发性瘫痪，有对称性，进行迅速，可遍及全身。发作时血钾低，补钾后迅速恢复，但可复发，常伴有家族史。

预防小儿麻痹——脊髓灰质炎疫苗
YUFANGXIAOERMABI—JISUIHUIZHIYANYIMIAO

小儿麻痹症

小儿麻痹症，是生活中很常见的一种症状，其主要病因是因为病毒通过口咽部进入体内，因其耐酸故可在胃液中生存，并在肠粘膜上皮细胞和局部淋巴组织中增殖，同时向外排出病毒，此时如机体免疫反应强，病毒可被消除，为隐性感染；否则病毒经淋巴进入血循环，形成第一次病毒血症，进而扩散至全身淋巴组织中增殖，出现发热等症状，如果病毒未侵犯神经系统，机体免疫系统又能清除病毒，患者不出现神经系统症状，即为顿挫型；病

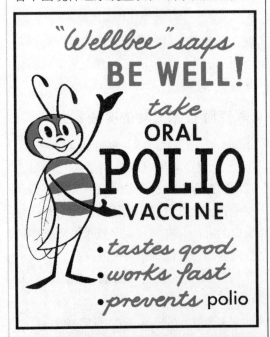

1963年美国疾病控制与预防中心的宣传海报，图中的蜜蜂称"Wellbee"，用以鼓励大众接受口服沙宾疫苗。

毒大量增殖后可再次入血，形成第二次病毒血症，此时病毒可突破血脑屏障侵犯中枢神经系统，故约有1%患者有典型临床表现，其中轻者有神经系统症状而无瘫痪，重者发生瘫痪，也就是我们日常见到的小儿麻痹症的严重患者。

流行原因

这里我们所说的病毒就是脊髓灰质炎病毒，这种病毒属于小核糖核酸病毒科的肠道病毒，病毒呈球形，直径约 20～30纳米，核衣壳为立体对称20面体，无包膜。根据抗原不同可分为Ⅰ、Ⅱ、Ⅲ型，Ⅰ型易引起瘫痪，各型间很少交叉免疫。脊髓灰质炎病毒对外界因素抵抗力较强，但加热至56摄氏度以上或有添加甲醛、2%碘酊、升汞和各种氧化剂如双氧水、漂白粉、高锰酸钾等，均能使其灭亡。

发现疫苗

1936年时，纽约大学的研究助理莫里斯·布罗迪利用猴子的脊髓作为病毒生长环境，并以甲醛杀死病毒，以制成脊髓灰质炎疫苗。由于难以获得足量的病毒，使其尝试刚开始就受到阻碍。在测试疫苗时，布罗迪首先以自己和多位助手来作实验，接着再将疫苗接种于3000名儿童，其中多人出现了过敏反应，且没有出现免疫作用。费城的病理学家约翰·科勒默也在同年宣称研发出疫苗，不但同样没有使人

感染性多发性神经根炎或称格林-贝尔综合症，多见于年长儿，散发起病，无热或低热，伴轻度上呼吸道炎症状，逐渐出现弛缓性瘫痪，常伴感觉障碍。脑脊液有蛋白质增高而细胞少为其特点。瘫痪恢复较快而完全，少有后遗症。

免疫的能力，还造成了多名死亡案例。

到了1948年，由约翰·富兰克林·恩德斯所领导的波士顿儿童医院团队，在实验室的人体组织中成功培养出脊髓灰质炎病毒。恩德斯与同事托马斯·哈克尔·韦勒和弗雷德里克·查普曼·罗宾斯也因这项贡献而获得1954年的诺贝尔生理学或医学奖。

美国在1952年与1953年，分别增加了5万8000与3万5000个病例，高于先前每年约2万人的增加速度。当时在纽约莱德利实验室的希拉里·柯普洛夫斯基曾宣称在1950年成首先成功研发疫苗，不过直到沙克疫苗投入市场后5年，他的疫苗才正式脱离研究阶段。此外，沙宾疫苗研发时所用的减毒性病毒样本，也是由柯普洛夫斯基所提供，但他自己的疫苗因为部分会恢复致病性而失败。

🦟 沙克疫苗

第一种有效的疫苗，是匹兹堡大学的约纳斯·沙克在1952年研发完成，这种疫苗称为"去活化脊髓灰质炎疫苗"，又称"沙克疫苗"。这种疫苗是利用3种血清型的致病性病毒株所研发。这些病毒首先培养于一种称为绿猴肾细胞的猴子肾脏组织，之后再以福马林处理使其失去活性。

1954年，疫苗于宾州匹兹堡的阿森纳小学与华生儿童之家展开试验。之后又在汤玛斯·弗朗西斯的领导下，进行了一场称为弗朗西斯实测的大规模试验工作，一开始是在维吉尼亚州的麦克林进行，对当地富兰克林·谢尔曼小学的大约4000名儿童进行接种；最后在美国的44个州中，总

·纳斯·爱德华·沙克·（1914—1995），美国实验医学家、病毒学家，主要以发现和制造出首例安全有效的脊髓灰质炎疫苗而知名。

共有大约180万名儿童受试。测试中约有440,000位儿童接受了一次以上的疫苗注射；另有210,000位儿童接受由培养基制成的安慰剂；对照组则是由120万名无接受疫苗的儿童构成，并研究观察他们是否受到脊髓灰质炎的感染。结果发表于1955年4月12日，这场测试显示沙克疫苗在对抗PV_1方面有60%到70%的效果；而对抗PV_2与PV_3的效果则达到90%以上。

沙克疫苗在1955年获得许可，到了1957年时，美国一年所增加的脊髓灰质炎病例减少到5600人。IPV疫苗在美国一直到1960年代仍广泛使用。强效型的IPV在1987年于美国通过许可，是目前全世界所用的疫苗之一。

牛痘接种法——远离"天花"的噩梦

NIUDOUJIEZHONGFA—YUANLITIANHUADEEMENG

▶ 天花的噩梦

每4名天花病人当中便有一人死亡，而剩余的3人却要留下丑陋的痘痕——天花，这是有人类历史以来就存在的可怕疾病。

在公元前1000年之前，保存下来的埃及木乃伊身上就有类似天花的痘痕。曾经不可一世的古罗马帝国相传就是因为天花的肆虐，无法加以遏制，以致国威日蹙。

若干世纪以来，天花的广泛流行使人们惊恐战栗，谈"虎"色变。

因为天花并不会宽容任何人，它同样无情地入侵宫廷、入侵农舍，任何民族、任何部落，不论爵位、不论年龄与性别，都逃脱不了天花的侵袭。

在欧洲曾经有一个国王的妻子患了天花，在临死前她请求丈夫满足她最后的愿望，她要求：假使全体御医不能挽救她的生命，那么就将他们全部处死。皇后终于死掉了，于是国王为了皇后的愿望便下令把御医全部用剑砍死。

英国史学家纪考莱把天花称为"死神的忠实帮凶"。他写道："鼠疫或者其他疫病的死亡率固然很高，但是它的发生却是有限的。在人们的记忆中，它们在我们这里只不过发生了一两次。然而天花却接连不断地出现在我们中间，长期的恐怖使无病的人们苦恼不堪，即使有某些病人幸免于死，但在他们的脸上却永远留下了丑陋的痘痕。病愈的人们不仅是落得满脸痘痕，还有很多人甚至失去听觉，双目失明，或者染上了结核病。"

▶ 牛痘接种法的发明

在探索治疗天花的时候，人们逐渐发现有些人虽然患了天

爱德华·琴纳塑像

天花是由天花病毒引起的一种烈性传染病，也是到目前为止，在世界范围被人类消灭的第一个传染病。天花病毒外观呈砖形，抵抗力较强，能对抗干燥和低温，在痂皮、尘土和被服上，可生存数月至一年半之久。

花却侥幸活了下来，这些人以后就再也不会染上天花。是什么原因使这些幸存者具有免疫性的呢？18世纪70年代的英国医生爱德华·琴纳试图揭开其中的谜团。

琴纳花了很长时间去研究患过天花的人的身体肌理，但发现他们除了皮肤上比其他人多些麻坑之外没有任何特别之处。琴纳顿感困惑，但他决心一定要将这个问题弄清楚。

一次，在一个村庄调查时，琴纳发现这里牛奶场的挤奶女工没有一个人患天花。这一现象引起琴纳极大的兴趣，他进一步核实了情况，发现不但那些挤奶工，就是跟农场牲畜打交道的人得天花的概率也很小。难道这些牲畜有什么魔力？

琴纳跟这些女工深入聊起了这个问题，这才知道她们开始从事这个职业时经常染上牛的脓浆，之后就出现了轻微的天花症状，但很轻微，一般是不治而愈。琴纳发现这种身上有脓胞的牛其实是患了天花，但死亡的极少，皮上也不会留下麻坑。琴纳忽然悟到了什么，他人为地将牛痘的脓浆接种到一个叫詹姆斯·菲普斯的小男孩身上，小孩发了几天低烧，身上也长了些水泡，但很快痊愈。给这位孩子接种牛痘的那

一天是1756年5月14日。菲普斯是人类第一个接种牛痘的人。

过了几个月，琴纳又给小菲普斯接种天花病人身上的脓浆，过了一段时间以后，发现他根本不会再染上这种病，同那些得过天花病的幸存者一样获得了某种强大的抵抗力。琴纳成功了，他用事实说明：在健康的人身上接种牛痘，就可以使这个人再也不得天花。多么伟大呀！吞噬了无数生命的恶魔终于被科学扼住了喉咙。天花肆虐的时代过去了，无数人激动地流下了热泪。

伟大的琴纳给天花这个恶魔套上了绞索，人类又经过200多年的努力，终于在1980年将它绞死。那一年，联合国卫生组织宣布天花已在全世界绝种。

琴纳发明接种牛痘，不仅普救众生，还发现对抗传染性疾病的又一利器，那便是免疫，从而奠定了免疫科学的基础。

1411年西方画作中的天花感染者

O型血能够供给大多数的血型，是因为O血型人的红细胞中不含有A、B抗原。但其血清内含抗A抗B抗体。如果输用其他血型血时，便极易引起输血反应。

血型的发现和输血的发明

XUEXINGDEFAXIANHESHUXUEDEFAMING

◉ 血型的发现

说起血型，人类为此走过一段相当曲折的道路，从最初以为"红色的血液都是一样的"这样的认知，甚至认为人的血和动物的血可以通用，到后来发现有的伤员输入人血，也会出现加速死亡的现象。

血型是由奥地利的医学家兰德斯泰纳最早发现的，他在1909年就提出了ABO系统，并于1930年获得了诺贝尔奖。在维也纳工作期间，他发现若将不同种类的血液注射到动物体内，则红血球很快就被分解掉，后来又发现一个人的血液若加入另一个人的血清，则红血球很快就凝集起来。这些现象使得他有了将血型分门别类的想法，但是直到1914至1918年第一次世界大战发生的期间，许多临床医生在治疗伤患时才了解兰德斯泰纳研究的重要性。

◉ 输血的发明

17世纪后，欧洲许多医生进行过输血试验，有的侥幸获得成功，但更多的会导致被输血者的严重反应甚至死亡。当时的人难解其因。

1897年，德国免疫学家埃利希提出了抗原、抗体理论，为解开输血反应之谜提供了依据。到了1900年，兰德斯泰纳在实验中注意到不同人的血液混合后有的会发生凝结，有的则不会。经研究，他发现按红血球与血清中抗原、抗体的不同，人类血液可分为4种类型，不同血型之间抗原、抗体相互排斥，导致凝血、溶血。人体内如果发生这种情况，就会危及生命。后来，这4种血型分别命名为A型、B型、AB型和O型。

但是，偶尔还会出现多次输同型血后发生溶血的情况。1927年，兰德斯泰纳与美国免疫学家菲利普·列文共同发现血液中的M、N和P因子，导致此后MNSS血型系统的发展。

一直到1940年，兰德斯泰纳和英国医师威纳又共同发现了血液中的RH因子，从而比较科学、完整地解释了某些多次输同型血而发生的溶血症问题。

兰德斯泰纳（1868~1943）美籍奥地利病理学家、免疫学家。因免疫血液学的研究，荣获1930年诺贝尔生理学和医学奖。

跨越生命奇迹——人工合成胰岛素
KUAYUESHENGMINGQIJI—RENGONGHECHENGYIDAOSU

人工胰岛素的合成

1958年，中国科研人员邹承鲁、钮经义等人开始探索用化学方法合成胰岛素。

1958年12月底，我国正式启动人工合成胰岛素课题。1959年初，人工合成胰岛素的工作全面展开。天然胰岛素的拆合工作在邹承鲁的指导下几经波折得以解决，为合成胰岛素奠定了基础。

1965年我国科学家完成了牛结晶胰岛素的合成，这是世界上第一次人工合成多肽类生物活性物质。经过严格鉴定，它的结构、生物活力、物理化学性质、结晶形状都和天然的牛胰岛素完全一样。这是世界上第一个

中国科学家在研制人工合成胰岛素

人工合成的蛋白质，为人类认识生命、揭开生命的奥秘迈出了坚实的一步。

人工合成胰岛素的意义

经过短短的七年时间，我国科学家终于完成了结晶牛胰岛素的合成，它有着极为深远的意义。由于蛋白质和核酸两类生物高分子在生命现象中所起的主要作用，人工合成了第一个具有生物活力的蛋白质，便突破了一般有机化合物领域到信息量集中的生物高分子领域之间的界限，在人类认识生命现象的漫长过程中迈出了重要的一步。

胰岛素的全合成开辟了人工合成蛋白质的时代。结构与功能研究、晶体结构测定等结构生物学亦从此开始。多肽激素与类似物的合成，在阐明作用机理方面提供了崭新的有效途径，并为我国多肽合成制药工业打下了牢固的基础。

知识链接

人工胰岛素的成果

由于生物化学与分子生物学发展史上几个里程碑的工作都是以胰岛素为对象，所以1966年，胰岛素合成后，在国际上引起极大轰动，有上百名著名科学家来信祝贺。英国电视台在黄金时间播出了中国成功合成人工结晶胰岛素的消息，《纽约时报》也用大篇幅报道了这一消息。它被认为是继"两弹一星"之后我国的又一重大科研成果。但是，由于诺贝尔奖只能够由一人获得，所以中国科学家放弃了这次诺贝尔奖的获得。

人造心脏本体可取代患者心脏的左右心室，微型锂电池和操纵系统植入患者腹腔，用以提供动力。外接电池组可通过安装在腹部皮肤下的能量传输装置对微型锂电池进行充电。

人造心脏——延长人类寿命的机器
RENZAOXINZANG—YANCHANGRENLEISHOUMINGDEJIQI

❥ 人造器官的发展史

人造心脏的初次尝试是在1982年，当时美国犹他大学医学中心的威廉·德夫里斯博士领导一个手术小组，给一名叫克拉克的心脏病患者植入一颗名叫贾维克的人类第一个人造心脏，开创了人造心脏移植的先河，这一举动也震惊了世界。

这颗人造心脏是由犹他医疗小组成员罗伯特·贾维克设计的。它通过两条2米长的软管连到体外的一部机器上，压缩空气维持着这颗人造心脏的跳动。克

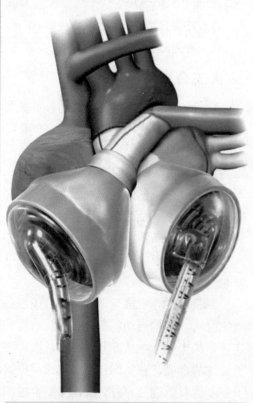

人造心脏

拉克在手术后不久就能够站起来走几步路，自己吃东西。这颗塑料心脏在他的胸腔里跳动了将近1300万次，维持了112天的生命。

1991年1月美国亚利桑那大学医学中心和犹他大学美德福特研究基金会联合成立了卡迪奥威斯特公司，在贾维克人造心脏的基础上推出了卡迪奥威斯特人造心脏。

1993年8月11日，加拿大渥太华心脏研究所宣布，他们研制成功了第一颗永久性的人造心脏。该人造心脏不同于"贾维克"的机械心脏，它能植入人体体内，并维持病人一生的生命。

1995年10月23日，一位64岁的英国退休电影制片人成为世界上第一位接受永久性电动人造心脏的人。

1998年底，美国德克萨斯州著名的外科医生迈克尔·德巴凯和美国宇航局的科学家们共同研制成功一种只有三号电池那么大的全植入式人造心脏。

这种人造心脏只有拇指大小，可植入人的心脏内，并能根据人体的活动情况自动调节泵的压力和速度。它通过无线电波从体外的电池组中获得能量，省却了导线，即安全又方便。它可以植入患者的胸腔内，每分钟转动1000次，帮助因病症而丧失部分功能的心脏把血液输送到身体的其余部分。

此次人造心脏植入手术，植入的就是

人造心脏与人类心脏大小相当，据它的发明者称可以完全替代人类心脏，从而挽救数千患有心脏病患者的生命，人造心脏是指科学家为了挽救越来越多的心脏病患者的生命，而研制出来的一种人造器官。

世界上首颗可以完全代替心脏功能并能完整植入体内的人造心脏。

人造心脏的分类

人造心脏现在大约可以分为永久心脏、可移植心脏、仿蟑螂心脏等几种。

永久人造心脏由4个部分组成，即金属钛制成的心脏本体、一个微型锂电池、一个计算机操纵系统以及外接电池组。人造心脏本体可取代患者心脏的左右心室，微型锂电池和操纵系统植入患者腹腔，用以提供动力。外接电池组可通过安装在腹部皮肤下的能量传输装置对微型锂电池进行充电。

美国食品和药物管理局宣布，预期仅剩1个月的生命，且不适合接受心脏移植手术的严重心脏病患者，可选择安装一颗永久性人造心脏。这是全球第一种可完全代替心室功能并能完整植入体内的人造心脏，也是美国首次批准投入临床使用的人造器官。

可移植式人造心脏是一位法国医生研制成功。在世界首例人类心脏移植手术30年后，这种将动物组织、金属钛和导弹技术完美结合在一起的发明具有革命性意义。

印度科学家依据蟑螂心脏原理制造出了一种造价非常低廉的新型人造心脏。据印度科学家介绍，这种独特的人造心脏可靠性和安全性均优于西方现有同类产品，可支持长期持续的高水平正常工作，而价格却仅有后者的三十分之一。

这种人造心脏由印度哈拉格普尔理工学院开发。其工作原理非常特殊，和传统

知识链接

人造心脏的组成

人造心脏主要由以下几部分组成。

液压泵，该装置的基本原理与重型设备中使用的液压泵相似，即通过一种不可压缩的液体将作用于某一点的力传到另一点。泵内的齿轮以每分钟10000转的速度快速旋转来产生压力。

液压阀，该阀门不断开合，使工作液体从人造心脏的一侧流到另一侧。液体流到右侧时，液压泵通过一个人造心室将血液压送到肺部。液体流到左侧时，液压泵将血液压送到人体的其他部位。

无线能量传输系统，这个系统也称作经皮能量传输系统。

内置电池，这是一个植入患者腹内的可充电电池。当内置电池与主电池断开连接时，患者可以依靠内置电池进行某些活动，比如洗澡等日常活动，持续时间为30到40分钟。

外置电池，该电池系在患者腰部的尼龙腰带上。每个可充电电池能提供大约4到5小时的能量。

控制器，这种小型电子设备植入患者的腹腔内。它的作用是监控心脏的跳动速度。

人造心脏系统差别很大，其工作原理仿效了蟑螂的心脏起搏和运行机制。

这种心脏由金属和塑料制成，目前已在青蛙身上获得了实验的成功。为确保研究工作的顺利进行，印度政府已批准了该项目的活体动物试验，并将在山羊身上进行试验。活体动物实验过程尚需一些时间，只有在活体动物实验后，才可能获准进行人体医学临床试验——这同样也需获得印度政府的支持和批准。

适宜水培的叶菜品种很多，经北京蔬菜研究中心试验，适宜水培的叶菜品种有生菜、芥蓝、菜心、油菜、小白菜、大叶芥菜、羽衣甘蓝、紫背天葵、豆瓣菜、水芹、芹菜、三叶芹、苋菜、细香葱等。

无土栽培——长在"水"上的蔬果

WUTUZAIPEI—ZHANGZAISHUISHANGDESHUGUO

无土栽培

无土栽培是以草炭或森林腐叶土、蛭石等轻质材料做育苗基质固定植株，让植物根系直接接触营养液，采用机械化精量播种一次成苗的现代化育苗技术。选用苗盘是分格室的，播种一格一粒，成苗一室一株，成苗的根系与基质互相缠绕在一起，根坨呈上大下小的塞子形，一般叫穴盘无土育苗。

无土栽培的方法

目前生产上常用有水培、雾（气）培、基质栽培。所谓水培是指植物根系直接与营养液接触，不用基质的栽培方法。最早的水培是将植物根系浸入营养液中生长，这种方式会出现缺氧现象，影响根系呼吸，严重时造成烂根死亡。为了解决供氧问题，英国的科学家在1973年提出了营养液膜法的水培方式。

长在水上的蔬菜

知识链接

无土栽培

无土栽培技术的出现，使人类获得了包括无机营养条件在内的，对作物生长全部环境条件进行精密控制的能力，从而使得农业生产有可能彻底摆脱自然条件的制约，完全按照人的愿望，向着自动化、机械化和工厂化的生产方式发展。这将会使农作物的产量得以几倍、几十倍甚至成百倍地增长。

第二种是雾（气）培，又称气增或雾气培。它是将营养液压缩成气雾状而直接喷到作物的根系上，根系悬挂于容器的空间内部。通常是用聚丙烯泡沫塑料板，在上边按一定距离钻孔，于孔中栽培作物。两块泡沫板斜搭成三角形，形成空间，供液管道在三角形空间内通过，向悬垂下来的根系上喷雾。一般每间隔2～3分钟喷雾几秒钟，营养液循环利用，同时保证作物根系有充足的氧气。但此方法设备费用太高，需要消耗大量电能，且不能停电，没有缓冲的余地，目前还只限于科学研究应用，未进行大面积生产，因此最好不要用此方法。

第三种是基质栽培，基质栽培是无土栽培中推广面积最大的一种方式。它是将作物的根系固定在有机或无机的基质中，通过滴灌或细流灌溉的方法，供给作物营养液。栽培基质可以装入塑料袋内，或铺于栽培沟或槽内。基质栽培的营养液是不循环的，称为开路系统，这可以避免病害通过营养液的循环而传播。

微观世界的展现——电子显微镜

WEIGUANSHIJIEDEZHANXIAN—DIANZIXIANWEIJING

电子显微镜的发展史

自从1590年复式光学显微镜发明之后，由于他的解像力受到可见波长的特性影响，无法突破0.2微米的极限。为了寻求具有更佳解像力的显微镜，科学家们一直在研究寻找着。

电子显微镜是根据电子光学原理，用电子束和电子透镜代替光束和光学透镜，使物质的细微结构在非常高的放大倍数下成像的仪器。

德国恩斯特·鲁斯卡从1928年在导师诺尔的指导下开始研制电子显微镜，经过4年的努力世界上第一台电子显微镜在柏林工科大学高压实验室里诞生，这个消息，振惊了世界，但这台电子显微镜的放大倍数才是12倍，但是这个具有里程碑的发明为今后的研制奠定了基础。

1931年，鲁斯卡和诺尔用冷阴极放电电子源和三个电子透镜改装了一台高压示波器，并获得了放大十几倍的图像。

1932年，鲁斯卡把电子显微镜的分辨率提高到了500埃。

1935年，鲁斯卡在西门子公司的帮助下建立起新的实验室，他和包利斯等人总结了以前研制的方案，并加以改进。功夫不负有心人，经过四年的不断探索，终于在1938年，研制成功世界上第一台真正意义上的电子显微镜，这台显微镜的分辨率已经提高了0.144~0.2纳米。这台显微镜是光学显微镜分辨率的万倍以上。

1939年西门子公司制造出分辨率本领达到30埃的电子显微镜，并且批量生产。

1965年，美国加州大学制造的三维电子显微镜将神经细胞放大至2万倍。至此，电子显微镜技术已日臻成熟。

电子显微镜的组成

电子显微镜由镜筒、真空装置和电源柜三部分组成。

镜筒主要有电子源、电子透镜、样品架、荧光屏和探测器等部件，这些部件通常是自上而下地装配成一个柱体。

电子透镜用来聚焦电子，是电子显微镜镜筒中最重要的部件。

真空装置用以保障显微镜内的真空状态，这样电子在其路径上不会被吸收或偏向，由机械真空泵、扩散泵和真空阀门等构成，并通过抽气管道与镜筒相联接。

电源柜由高压发生器、励磁电流稳流器和各种调节控制单元组成。

电子显微镜下的蚂蚁

创造与发明
CHUANGZAOYUFAMING

探索魅力科学

互联网十大消极影响：虚假信息、网络欺诈、病毒与恶意软件、色情与暴力、网瘾、数据丢失、网络爆红、阴谋论、过于公开、过于商业化。

互联网——步入虚拟世界

HULIANWANG—BURUXUNISHIJIE

➤ 互联网发展历程

互联网始于1969年，是美军根据美国国防部研究计划署的协定，将美国西南部大学的四台主要的计算机连接起来。这个协定由剑桥大学执行，在1969年12月开始联机。

1983年，美国国防部将该网络分为军网和民网，逐渐扩大为今天的互联网。

互联网最初的设计是为了能提供一个通讯网络，即使一些地点被核武器摧毁也能正常工作。如果大部分的直接通道不通，路由器就会指引通信信息经由中间路由器在网络中传播。最初的网络是给计算机专家、工程师和科学家用的。那个时候还没有家庭和办公计算机，并且任何一个用它的人，无论是计算机专家、工程师还是科学家都不得不学习非常复杂的系统。局域网出现在1974年。

由于最开始互联网是由政府部门投资建设的，所以它最初只是限于研究部门、学校和政府部门使用。除了直接服务于研究部门和学校的教学应用之外，其它的商业行为是不允许应用的。20世纪90年代初，当独立的商业网络开始发展起来，这种局面才被打破。这使得从一个商业站点发送信息到另一个商业站点而不经过政府资助的网络中枢成为可能。

微软全面进入浏览器、服务器和互联网服务，提供商市场的转变已经完成，实现了基于互联网的商业公司。

微博，即微博客（MicroBlog）的简称，是一个基于用户关系的信息分享、传播以及获取平台，用户可以通过WEB、WAP以及各种客户端组建个人社区，以140字左右的文字更新信息，并实现即时分享。

在互联网迅速发展壮大的时期，商业走进互联网的舞台对于寻找经济规律是不规则的。免费服务已经把用户的直接费用取消了。Dephi公司现在提供免费的主页、论坛和信息板。在线销售也迅速的成长，例如书籍、音乐、家电和计算机等等，并且价格比较低。

多功能的互动平台

互联网是一种新的生活方式，是人们能够相互交流、相互沟通、相互参与的一个互动平台。

"网络就是传媒"这句话也强调了网络在人类交流和传播中的重要作用。

互联网迄今为止的发展，完全证明了网络的传媒特性。

首先，作为一种狭义的、小范围的、私人之间的传媒，互联网是私人之间通信的极好工具。在互联网中，电子邮件始终是使用最为广泛也最受重视的一项功能。由于电子邮件的出现，人与人的交流更加

如今我们的生活已经离不开互联网

方便，更加普遍。另一方面，作为一种广义的、宽泛的、公开的、对大多数人有效的传媒，互联网通过大量的、每天至少有几十万人甚至更多的访问网站，实现了真正大众传媒的作用。

互联网可以比任何一种方式都更快、更经济、更直观、更有效地把信息传播开来。

而互联网的出现，电子邮件和环球网的使用，更好为人的交流提供了良好的工具。

所谓软件是指为方便使用电脑和提高使用效率而组织的程序以及用于开发、使用和维护的有关文档。软件系统可分为系统软件和应用软件两大类。

电脑——让人类步入新的时代
DIANNAO—RANGRENLEIBURUXINDESHIDAI

▶ 电脑的发明

追溯先驱者的足迹，电脑的发明也是由原始的计算工具发展而来。中国在2000多年前的春秋战国时期，劳动人民就独创了一种计算工具——算筹。从唐代开始，算筹逐渐向算盘演变。到元末明初，算盘已经非常普及了。随着人类社会生产的不断发展和社会生活的日益丰富，人们一直希望发明出一种能自动进行计算、存贮和进行数据处理的机器。因而，许多先驱者踏上了发明计算工具的艰难之路。1642年，法国著名的数学家帕斯卡率先迈出了改革计算工具的重要一步，成功地创造了一台能做加、减法的手摇计算机。

直到19世纪中叶以后，计算器同纺织技术的重大革新——程序自动控制思想结合起来，一些功能较全面的计算机器这才纷纷登上历史舞台。

奇异的天才、英国数学家巴贝奇于1822年设计完成的差分机就是其中一个佼佼者。这是一种顺应计算机自动化、半自动化程序控制潮流的通用数字计算机。

而真正揭开电子计算机新篇章的应该是"埃尼阿克"，但"埃尼阿克"却没有真正的运控装置。

后来，美籍匈牙利人冯·诺依曼提出了新的改进方案，这个方案所设计的计算机被称为"离散变量自动电子计算机"。新方案中，冯·诺依曼提出采用二进制和存储程序的设想，从此，诺依曼博士毅然投身到新型计算机设计的行列中。

"埃尼阿克"还没问世，冯·诺依曼就洞察到它的弱点，并提出制造新型电子计算机"埃迪瓦克"的方案。和"埃尼阿克"比起来，"埃迪瓦克"这个长达101页的划时代文献是目前一切电脑设计的基础。虽然"埃迪瓦克"是集体智慧的结晶，但冯·诺依曼的设计思想在其中起到了重要作用。他的名字将永远铭记在人们的心中。

▶ 个人电脑的发明与普及

现在，只要我们睁开眼睛，就能发现电脑无处不在，它已进入社会生活的各个领域，变成了人类须臾不可离开的生产和生活工具。人们可以用电脑玩游戏、写信，还可以管理家庭以及生意上的账户收支。电子邮件只需几秒钟就可以将信息和图片从地球的这一端传送到另一端。个人电脑可以用于购物、旅行行程安排、酒店预订和购买电影票等方面。现在，我们很难想象如果没有了电脑，世界将会变成什么

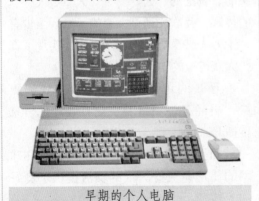

早期的个人电脑

知识链接

超级电脑

超级电脑通常是指由数百数千甚至更多的处理器组成的、能计算普通PC机和服务器不能完成的大型复杂课题的计算机。超级电脑是电脑中功能最强、运算速度最快、存储容量最大的一类电脑，是国家科技发展水平和综合国力的重要标志。超级电脑拥有最强的并行计算能力，主要用于科学计算。在气象、军事、能源、航天、探矿等领域承担大规模、高速度的计算任务。在结构上，虽然超级计算机和服务器都可能是多处理器系统，二者并无实质区别，但是现代超级计算机较多采用集群系统，更注重浮点运算的性能，可看做是一种专注于科学计算的高性能服务器，而且价格非常昂贵。

模样。

然而，个人电脑仍是相当新的事物。第一台全电子计算机于1946年在宾夕法尼亚大学研制出来，被称做ENIAC，意思是电子数字积分器和计算器，包含1.8万只真空管，使用功率为100千瓦。

早期所有的计算机都采用的是真空管或电子管，这些机器体积庞大，占用整个房间且计算结果并不可靠（因真空管或电子管失效），因此许多工程师不得不时常手动调试，使它们正常运行。

发明于1947年的晶体管取代了真空管，使计算机的体积大大缩小并且运行更稳定。而1958年发明的集成电路使计算机的微型化成为可能。电脑开始"瘦身"。

即使如此，直到1975年，才出现了体积足够小且普通家庭有能力购买的计算机。人们只能通过机箱前的开关控制它的

运行，以映射到前面板的闪光图案读取输出结果。1976年，MITS公司将20厘米的软盘驱动装配到他们的计算机中用于数据储存。

只要计算机能够与存储设备如磁盘驱动器进行信息交流，计算机软件——应用程序如文字处理工具或游戏等——就可以运行。这个过程需要一种操作系统形式的特别软件。

1972年，美国计算机科学家加里·基尔代尔（1942~1994）开发了程序语言，它允许计算机工程师编写程序然后加载入英特尔4004的只读内存中。这些处理器可以用来控制交通灯和家用电器——如洗衣机等设备。

1973年，基尔代尔编写了能从磁盘中读取和写入数据文件的软件，他将之称为微型计算机，这是第一个应用到微型计算机中的操作系统，并很快取得了成功。

携带方便的电脑

集成电路，或称微电路、微芯片、芯片，在电子学中是一种把电路（主要包括半导体装置，也包括被动元件等）小型化的方式，并通常制造在半导体晶圆表面上。

微电子时代的标志——集成电路
WEIDIANZISHIDAIDEBIAOZHI—JICHENGDIANLU

集成电路

集成电路是一种微型电子器件或部件。它是采用一定的工艺，把一个电路中所需的晶体管、二极管、电阻、电容和电感等元件及布线互连一起，制作在一小块或几小块半导体晶片或介质基片上，然后封装在一个管壳内，成为具有所需电路功能的微型结构；其中所有元件在结构上已组成一个整体，使电子元件向着微小型化、低功耗和高可靠性方面迈进了一大步。它在电路中用字母"IC"表示。集成电路发明者为杰克·基尔比和罗伯特·诺伊思。当今半导体工业大多数应用的是基于硅的集成电路。

集成电路分类

集成电路，又称为IC，按其功能、结构的不同，可以分为模拟集成电路、数字集成电路和数模混合集成电路三大类。

知识链接

集成电路特点

集成电路具有体积小，重量轻，引出线和焊接点少，寿命长，可靠性高，性能好等优点，同时成本低，便于大规模生产。它不仅在工业、民用电子设备如收录机、电视机、计算机等方面得到广泛的应用，同时在军事、通讯、遥控等方面也得到广泛的应用。用集成电路来装配电子设备，其装配密度比晶体管可提高几十倍至几千倍，设备的稳定工作时间也可大大提高。

集成电路在中国

中国的集成电路产业诞生于六十年代，共经历了三个发展阶段。

首先是1965年至1978年的开发阶段。这一阶段主要以计算机和军工配套为目标，以开发逻辑电路为主要产品，初步建立集成电路工业基础及相关设备、仪器、材料的配套条件。

其次是1978~1990年的改善阶段，这一阶段主要引进美国二手设备，改善集成电路装备水平，在"治散治乱"的同时，以消费类整机作为配套重点，较好地解决了彩电集成电路的国产化。

最后就是现在的重点突破阶段了，这一阶段以908工程、909工程为重点，以CAD为突破口，抓好科技攻关和北方科研开发基地的建设，为信息产业服务，集成电路行业取得了新的发展。

加以颜色标示的集成电路内部单元构成实例

柴油机——现代化的动力
CHAIYOUJI—XIANDAIHUADEDONGLI

工作原理

柴油发动机的工作过程其实跟汽油发动机一样，每个工作循环也经历进气、压缩、作功、排气四个行程。但由于柴油机用的燃料是柴油，其粘度比汽油大，不易蒸发，自燃温度较汽油低，因此可燃混合气的形成及点火方式都与汽油机不同。而且柴油机在进气行程中吸入的是纯空气。

柴油发动机

柴油机由于工作压力大，所以要求各有关零件具有较高的结构强度和刚度，因此我们日常见到的柴油机都比较笨重，而且体积较大。柴油机的喷油泵与喷嘴制造精度要求高，所以成本较高；另外，柴油机工作粗暴，振动噪声大；柴油不易蒸发，冬季冷车时起动困难。以前柴油发动机一般用于大、中型载重货车上。但是随着时代发展，小型高速柴油发动机的排放已经达到欧洲III号的标准。小型高速柴油

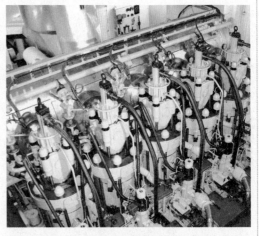
汽缸船舶柴油机

发动机已经步入了人们的生活之中。

柴油机与发动机区别

汽油发动机一般将汽油喷入进气管同空气混合成为可燃混合气再进入汽缸，经火花塞点火燃烧膨胀作功。人们通常称它为点燃式发动机。而柴油机一般是通过喷油泵和喷油嘴将柴油直接喷入发动机气缸，和在气缸内经压缩后的空气均匀混合，在高温、高压下自燃，推动活塞作功。人们把这种发动机通常称之为压燃式发动机。

汽油机汽车具有转速高、质量轻、工作时噪声小、起动容易、制造和维修费用低等特点。其不足之处是燃油消耗较高，因而燃油经济性较差。

柴油机汽车因压缩比高，所以燃油经济性较汽油机汽车要好很多。通常，柴油发动机与汽油发动机相比热效率高30%。

知识链接

柴油机发展

相比起汽油机，柴油机虽然燃油消耗率低，燃油经济性较好，但是其工作噪音大，制造和维护费用高，同时排放也比汽油机差。

不过随着现代技术的发展，柴油机的这些缺点正逐渐的被克服，现在的部分高级轿车已经开始使用柴油发动机了，柴油机的发展正要登上一个新的台阶。

西周时期，中国的能工巧匠偃师就研制出了能歌善舞的伶人，这是中国最早记载的机器人。

机器人——不吃饭的"小家伙"

JIQIREN—BUCHIFANDEXIAOJIAHUO

机器人发展史

　　智能型机器人是最复杂的机器人，也是人类最渴望能够早日制造出来的机器朋友。然而要制造出一台智能机器人并不容易，仅仅是让机器模拟人类的行走动作，科学家们就要付出了数十甚至上百年的努力。

　　1948年，诺伯特·维纳出版《控制论——关于在动物和机器中控制和通讯的科学》，阐述了机器中的通信和控制机能与人的神经、感觉机能的共同规律，率先提出以计算机为核心的自动化工厂。

　　1954年，是机器人制造史上值得纪念的一年，这一年，美国人乔治·德沃尔制造出世界上第一台可编程的机器人，并注册了专利。这种机械手能够按照不同的程序从事不同的工作，因此具有通用性和灵活性。

　　到了1956年的时候，在达特茅斯会议上，马文·明斯基提出了他对智能机器的看法：智能机器"能够创建周围环境的抽象模型，如果遇到问题，能够从抽象模型中寻找解决方法"。这个定义影响到以后30年智能机器人的研究方向。

工业机器人之父

　　1959年，德沃尔与美国发明家约瑟夫·英格伯格联手制造出第一台工业机器人。随后，成立了世界上第一家机器人制造工厂——Unimation公司。由于英格伯格对工业机器人的研发和宣传，他也被称为"工业机器人之父"。

　　1962年到1963年传感器的应用提高了机器人的可操作性。人们试着在机器人上安装各种各样的传感器，包括1961年恩斯特采用的触觉传感器，托莫维奇和博尼1962年在世界上最早的"灵巧手"上用到了压力传感器，而麦卡锡则于1963年开始在机器人中加入视觉传感系统，并在1964年，帮助MIT推出了世界上第一个带有视觉传感器，能识别并定位积木的机器人系统。

　　1968年，美国斯坦福研究所公布他们研发成功的机器人Shakey。它带有视觉传感器，能根据人的指令发现并抓取积木，不过控制它的计算机有一个房间那么大。Shakey可以算是世界第一台智能机器人，拉开了第三代机器人研发的序幕。

　　1978年美国公司推出通用工业机器人PUMA，这标志着工业机器人技术已经完全成熟。PUMA至今仍然工作在工厂第

工业机器人

一线。

人类与机器人

随着时代的不断进步，各行各业的分工已经开始越来越细化，尤其是在现代化的大产业中，有的人每天就只管拧一批产品的同一个部位上的一个螺母，有的人整天就是接一个线头，就像电影《摩登时代》中演示的那样，人们感到自己在不断异化，"职业病"这个名词也伴随着产生，于是人们强烈希望用某种机器代替自己工作，因此人们研制出了机器人，用以代替人们去完成那些单调、枯燥或是危险的工作。而机器人的问世，也相应的使一部分工人失去了原来的工作，也就是所谓的"机器人上岗，人将下岗。"

所以很多人就开始仇视机器人，担心"机器人上岗，人将下岗。"这样的事情会发生在自己的身上，这不仅在中国，即使在一些发达国家如美国，也有人持这种观念。其实人们的这种担心是多余的，任何先进的机器设备，都会提高劳动生产率

宠物机器狗

和产品质量，创造出更多的社会财富，也就必然提供更多的就业机会，这已被人类生产发展史所证明。

英国一位著名的政治家针对关于工业机器人的这一问题说过这样一段话："日本机器人的数量居世界首位，而失业人口最少，英国机器人数量在发达国家中最少，而失业人口居高不下"。这也从另一个侧面说明了机器人是不会抢人饭碗的。

美国是机器人的发源地，机器人的拥有量远远少于日本，其中部分原因就是因为美国很多工人都不欢迎机器人，从而抑制了机器人的发展。日本之所以能迅速成为机器人大国，原因是多方面的，但其中很重要的一条就是当时日本劳动力短缺，政府和企业都希望发展机器人，国民也都欢迎使用机器人。由于使用了机器人，日本也尝到了甜头，它的汽车、电子工业迅速崛起，很快占领了世界市场。从现在世界工业发展的潮流看，发展机器人是一条必由之路。没有机器人，人将变为机器；有了机器人，人仍然是主人。

知识链接

网络兔子

位于名古屋市的商业设计研究所推出了新款机器人"网络兔子"。它的两只耳朵可以变换许多姿态，会根据人的声音作出反应。而且"网络兔子"可以通过无线通信与家里的电脑相连，如果有电子邮件它会朗读给人听，也可以播放网络电台的节目。最有趣的是不同的"网络兔子"还能够"结婚"、"分手"，通过网络连接让其中一个"网络兔子"的双耳做出一个动作，它远方的"伴侣"也会接着做出同样的动作。

埃塞克斯级航空母舰是美国在二战前后建造的，是美国建造数量最多的大型航母，并在太平洋战争中担当主力。大部分埃塞克斯级于20世纪六七十年代陆续退役拆解，而少数则一直服役至20世纪八九十年代。

海上"变形金钢"——航空母舰
HAISHANGBIANXINGJINGANG—HANGKONGMUJIAN

航空母舰是一种威力强大的舰种，是海军控制大面积海域的主要机动兵力。它从开始出现到逐步完善，已经走过了100多年的发展历程。

◎ 航母的诞生

1910年11月14日，美国东海岸的一处海湾上，停泊着一艘轻巡洋舰"伯明翰"号。这一天，这艘舰上的舰员们特别忙碌，他们在进行着各种准备工作，以便进行一次大胆的试验——世界上第一架飞机在军舰上起飞。在这艘巡洋舰的甲板上，铺设了一条26米长的木制飞行跑道。跑道的起端，停放着一架准备起飞的民用单人双翼飞机。

起飞命令一下达，飞行员尤金·埃利立即启动并开始滑动，速度不断加快，当飞机滑完26米长的跑道后，便离开了舰身。由于飞机滑跑距离太短，速度不够，升力不足，飞机越来越低，眼看就要掉进水里了。就在这危急关头，尤金·埃利沉着冷静，巧妙地操纵飞机尾水平舵，将飞机拉了起来，又飞行了3千米，在海湾附近的一个广场上着陆了。

这次试飞成功后两个月，美国海军又进行了一次飞机在军舰上降落的试验。在一艘巡洋舰的后主甲板上，铺设了一条长36米的木制跑道。在跑道上，每隔1米，横向装一根绳索，绳的两端拴着沙袋。还是那个进行起飞试验的驾驶员，从附近的机场驾驶着飞机起飞，朝巡洋舰飞来。当飞机接近军舰时，朝跑道俯冲下来。飞机降在舰上时，机身下面的一个钩子，钩住了一道道绳索，拖着沙袋向前滑跑。因飞机被绳索和沙袋拖住，阻力很大，滑不多远，很快就停下来了。

试验证明，飞机能在军舰上起落，因而能在海上作战。这就使各国对建造可供飞机起落的舰船，产生了更大的兴趣。

◎ 二战前的航母

1918年，英国海军对一艘巡洋舰进行改建，使之可供飞机在舰上同时起飞和降落。这艘巡洋舰叫"飞机搭载舰"，是最早出现的用旧军舰改装成的航空母舰，它能装载20架飞机。同年7月，从这艘舰上起飞的飞机，轰炸了德国的一个空军基地。

早期的航空母舰

不久,英国又把一艘正在建造的客轮"卡吉士"号,改装成航空母舰"百眼巨人"号。它具有全通式飞行甲板,即起飞和降落是连在一起的,飞行跑道更长了,飞机的起飞和降落方便多了。

美国也在1922年将一艘运煤船改装成全通式飞行甲板的航空母舰"兰格利"号。日本在1922年底,建造了一艘"凤翔"号航空母舰,这是世界上第一艘不是用旧船改装,而是专门设计和建造的航空母舰。这艘航空母舰已初步具有现代航空母舰的样子。

1921年至1922年,美、英、日、德、意等国在华盛顿共同制定了一个关于限制战列舰总吨位的协定,这一协定促进了航空母舰的发展。到1930年前后,美、英、日、法等国先后改装成一批航空母舰。这批航空母舰与最先制造的"凤翔"号相比,吨位和装载飞机量都增加了好几倍,航速也增加了很多。一般排水量为10000~40000吨,续航力为3000~12000公里,飞行甲板长为130~270米,舰宽为21~35米,一般能载20~29架飞机。

二战中,航空母舰的作用受到各国的高度重视,掀起了设计、建造新型航空母舰的热潮,使航空母舰的数量急剧增加。

◎ 二战后的航母

二战后,新建或改装的航空母舰采用了很多新技术、新装备,战斗力有了很大的提高。首先在航空母舰上,装载了喷气式作战飞机。其次是航空母舰还装上核武器,具有核打击能力,攻击威力有了很大提高。第三是航空母舰普遍提高了反潜能力。第四是航空母舰的航海性能也得到提高,更能适应远洋作战的需要。第五是航空母舰上电子设备增多,自动化程度有很大提高。可以说,航空母舰是海军舰艇中电子设备种类最齐全、数量最多、性能最好的军舰。

现代化的核动力航空母舰

导向系统是一种测向力来保证悬浮的机车能够沿着导轨的方向运动。必要的推力与悬浮力相类似，也可以分为引力和斥力。

悬空无轮列车——磁悬浮列车
XUANKONGWULUNLIECHE—CIXUANFULIECHE

与众不同的磁悬浮列车

从轮子发明的那一天起，所有的车辆都采用车轮与地面或钢轨的摩擦使车辆向前运动，当摩擦力足以毁坏车轮或钢轨时，列车的速度就达到了极限。如果想要获得更高的速度，就得尝试通过克服车轮与钢轨之间的摩擦力来提高车速。磁悬浮列车正是克服了这种摩擦力才达到了常规无法达到的速度。

超导新技术

磁悬浮列车能飞驰在轨道面上，主要归功于超导新技术。1911年，荷兰物理学家昂内斯将水银冷却到零下40摄氏度，使它凝固为一条线，并对它通以电流。当温

度降至零下268.9摄氏度时，昂内斯发现水银中的电阻突然消失了。

后来，人们把这种电阻突然消失的现象叫做超导现象。在温度和磁场都小于一定数值的条件下，导电材料的电阻和体内磁感应强度都突然变为零，这种特殊的导电状态就称为超导态，在很低的温度下呈现超导态的导体就是超导体。

1933年，迈斯纳和奥森费耳德通过进一步的研究发现，金属处在超导态时其内部磁感应强度为零，即能把原来在其体内的磁场排挤出去，也就是说，在超导体内，根本不会发现任何磁场。即使原来导体中有磁场存在，一旦变为超导体以后，磁场就统统被排斥在磁场之外。正是由于超导体的抗

日本磁悬浮列车研究开始于1962年，2003年12月在试验线上创造了581千米/小时的世界纪录。

磁悬浮列车利用"同名磁极相斥，异名磁极相吸"的原理，让磁铁具有抗拒地心引力的能力，使车体完全脱离轨道，悬浮在距离轨道约1厘米处，腾空行驶，创造了近乎"零高度"空间飞行的奇迹。

德国磁悬浮列车

磁性，会对磁铁产生一个向上的排斥力，这种排斥力使列车行驶时不与铁轨直接接触，人们开始研制的磁悬浮列车就是利用磁极同性相斥的原理，将超导磁体安装在列车底部，再在轨道上铺设连续的良导体薄板。电流从超导体中流过时，产生磁场，形成一种向下的推力，当推力与车辆重力平衡时，车辆就可悬浮在轨道上方一定的高度了。

磁悬浮列车与目前的高速列车相比，具有许多无可比拟的优点。它可靠性能好，维修简便，最主要的是它的能源消耗极低，不排放废气，无污染。磁悬浮列车集计算机、微电子感应、自动控制等高新技术于一体，是目前人类最理想的绿色交通工具。

磁悬浮列车的前景

20世纪，众多的交通运输方式群雄并起。四通八达的航空线、密如蛛网的高速公路线迫使一度独领风骚的铁路运输业步入"夕阳产业"行列，而高速铁路的出现和迅猛发展，为它注入了新的生机。

1964年10月1日，乳白色的"弹丸"号列车飞梭般穿越在东京至大阪的新干线上，道道流光与白雪皑皑的富士山交相辉映。它以210千米的时速、流线型的力学美、高架桥的雄姿，辅之以现代化的设施，令世人刮目相看。

根据世界标准，时速200千米上便可称为高速铁路。此后，法国、英国、德国、瑞典等国家相继建成高速铁路，时速不断攀升。

比之航空和高速公路，高速铁路具有耗能低、占地少、运输量大、安全性能高的优势。

目前磁悬浮列车是高速列车的宠儿，被称为新世纪的"神行太保"。

轮船——海上交通工具

LUNCHUAN—HAISHANGJIAOTONGGONGJV

轮船发展史

考古学家考证，早在4万年前，太平洋中已经开始有船只往来航行。当今世界现存最古老的船只是科学家发现的3万年以前的独木舟，它长3.7米，木质为松木。这是现代轮船最早的雏形。在古代，有一种小艇是用树皮和兽皮搭在木架上制成的。在玻利维亚，曾发现有古老的芦苇小船。英国的约克郡曾发掘出公元前7500年的古代短桨，显示当时的人已经懂得划船。

公元前1200年，尼基人制成地中海圆船，用黎巴嫩盛产的杉木制成。船身粗短，通常长10至20米，宽度为长度的三分之一，航行平稳，这种船被沿用了1000多年。

罗马帝国的船身稍微增大，有只大船长28米，帆也较大，能载重4500吨。船身包铅皮，用以保护船身水下部分。

公元前3世纪，船身前后都挂上帆，或者挂三角帆。

公元700年，中国人已懂得使用当时三项最先进的航海技术：一是柱绞链舵，因为装在船的中线而不是一侧，所以比一般的橹效率更高；二是装上几根桅杆，以获得最大的帆面积，增加前进动力；三是用指南针导航。另外还在大帆船上采用小密封舱，即使船身若干部分漏水，也可以航行，航行时更为灵活。

14世纪时，船上装上龙骨，船的强度增大，也更能承受大炮的重量和后座力，于是商船、军舰及许多海盗船都装上大炮。

15世纪时，欧洲的大西洋沿岸国家在帆船设计方面有一项划时代的发展，就是发明三桅船。船上装有尾柱绞链舵，方帆和三角帆并用，帆面积增大，船速就加快了。到1300年，前后帆帆船盛极一时，大英帝国参与世界贸易，掀起了欧洲的船速竞赛。于是人们就尽量缩减货轮容积，帆的面积极大，最大到3036平方米，连最轻微的风也能推船前进。快速帆船的排水量约为700吨，船身长上百米，船速最高可达20海里。

1888年，在密西西比河航行的蒸汽船。

埃及船图案

16～18世纪，各国开始制造炮舰。船去掉了首尾的射箭平台，开始造双层船，外层木板厚度加大到10厘米以上，有许多窗口，每个窗口安置一门大炮。

轮船大事记

早期的帆船是要受风和潮汐制约的，而蒸汽机的发明则使船舶摆脱了大自然的束缚。

1772年，英国约克郡建造了一艘3.7米长的铁壳船。这是世界上第一艘使用金属造的船身。

1783年，达班斯在法国制成第一艘实用汽船。

1819年，第一艘客运铁壳船"火神"号下水，开始运送旅客，一直服务了50多年。

1821年建成下水的"亚轮·曼贝"号是第一艘用蒸汽为动力的铁壳商船。

1836年，英国农夫史密夫发明了螺旋桨，在英国申请了专利。装置了木制螺旋桨的10吨汽船，沿着肯特郡海岸航行，取

得成功。

1886年到1930年，内燃机轮船开始登上历史舞台。

1886年，德国工程师戴姆勒首先把汽油发动初装在自制的船上，在德国纳卡河上航行成功。船舶汽油发动机由于速度很高，在第一次世界大战中首先使用于鱼雷艇、汽艇和海岸巡逻艇上。

1958年之后，名为"大和"号的超导电磁船重185吨，全长30米，试航速度为8节，动力来源于两个低温超导电磁体。

1758年，核动力船面世。核能发动机使用体积小、经久耐用的铀燃料，问世之后，轮船航程大大增加。

随着科技的进步，船只的速度及巡航范围越来越大，造船事业正步入一个新的时期。

康熙皇帝游江南坐的中国帆船

潜水艇——水下的"杀手"
QIANSHUITING—SHUIXIADESHASHOU

● 潜水艇的研制

一天傍晚，布什内尔与几个士兵下岗后，一起到海边散步。他们爬到礁石上，一边聊天，一边欣赏落日余晖下的海景。

看够了远景，又观近景。水很清澈，水生物历历在目。他们见一群活泼的小鱼自由自在地在水中游着，像是在觅食，又像是在玩耍。突然，水下有一条大鱼悄悄潜游过来，游到小鱼的下方后，猛地朝上一跃，咬住了一条小鱼，别的小鱼吓得魂飞魄散，各奔东西。

士兵们见了这场"海战"，觉得十分有趣。但这使布什内尔大受启发：原来笨拙的大鱼就是这样逮住机灵而且游得飞快的小鱼的。能不能造个像大鱼那样的船，潜在水中，神不知鬼不觉地钻到英国战舰底下去放水雷，炸它个舰沉人飞呢？若能那样，该有多痛快呀！

早期的潜艇

有了这个想法之后，他马上开始实施起来，可是还有一个问题就是船如何才能沉入水中呢？

布什内尔突然想到鱼之所以能够一会儿浮到水面，一会儿潜到水底，靠的就是它肚子里那个"鳔"。所以马上开始尝试也给船仿造一个"鳔"，就这样解决了船下水的问题。

布什内尔带领同伴们真的制成了一艘可在水下潜行的船。本来是想仿照鱼的外形制造，但造成之后却像乌龟。因此，同伴们就为它取了个代号——"海龟"。

"海龟"底部有个类似鱼鳔的水舱。水舱内安有两个水泵。船在水面，若要下沉时，就往舱里灌水；船在水下，若要上浮时，就把舱里的水排出，把空气压进水舱。仿照鱼的鳍，"海龟"外部还安装了两台螺旋桨：一台管进退，一台管升降。此外，"海龟"尾部还有舵，可以控制航向。

一天夜晚，布什内尔带着几个士兵，驾着"海龟"悄悄驶近英国战舰，然后潜入水中，一直潜到英国战舰底下，他们想用"海龟"顶部的钻杆钻穿敌舰，然后放水雷，没想到英舰底部包了很厚的一层金属，钻了一个多小时也没有钻穿。

士兵们在下面憋不住了，只好上来换气。这时夜已深，天黑海黑，水天一色，根本辨不清方向。英军发现了"海龟"，便开动战舰追过来。"海龟"吓得后退，

潜水艇的原理是靠改变潜艇的自身重量来实现的。潜艇有多个蓄水仓，当潜艇要下潜时就往蓄水舱中注水，使潜艇重量增加，大于它的排水量，潜艇就下潜；要上浮时就往外排水，使潜艇重量降低，小于它的排水量，潜艇就上浮。

━━━━◇◇◇◆ 知识链接 ◆◇◇◇━━━━

核动力

　　核动力是继柴电动力之后发展的又一种动力。核动力的原理是通过核子反应炉产生的高温让蒸汽机中产生蒸气之后驱动蒸汽涡轮机，来带动螺旋桨或者是发电机产生动力。最早成功在潜艇上安装核动力反应炉的是美国海军的"鹦鹉螺"号潜艇，目前全世界公开宣称拥有核动力的国家有5个，其中以美国和俄罗斯的使用比例最高。美国甚至在1958年宣布不再建造非核动力潜艇。

但速度怎么也快不起来，眼看就要被敌舰撞得粉身碎骨。

　　在这万分危急的时刻，布什内尔急中生智，解下备用的水雷，点着引线后，慌忙钻进"海龟"，"海龟"潜入了水中。英舰正在寻找怪物的去向，突然舰旁一声巨响，战舰顿时起火。英军一边救火一边掉转战舰逃跑，唯恐怪物再悄悄追来。从此，英舰再也不敢肆无忌惮地在美国沿海耀武扬威了。

　　后来，经过人们不断地改进，制成了新的神秘武器——潜水艇，在海战中潜水艇大显神威。在第二次世界大战中，德国的潜水艇击沉了英美大西洋舰队的782艘运输船，使对方的运输线遭到巨大破坏。

❥ 潜水艇的任务

　　潜水艇主要执行巡逻、警戒、封锁、反潜、侦察等任务。其主要攻击对象首选为敌方的运输船或商船，而航母、战列舰、巡洋舰等大型水面舰艇由于大多拥有护航舰艇和飞机保护，攻击风险较大。

❥ 潜水艇的特点

　　潜艇之所以能够发展到今天，是因为它具有以下特点：能利用水层掩护进行隐蔽活动和对敌方实施突然袭击；有较大的自给力、续航力和作战半径，可远离基地，在较长时间和较大海洋区域以至深入敌方海区独立作战，有较强的突击威力；能在水下发射导弹、鱼雷和布设水雷，攻击海上和陆上目标。

　　潜艇配套设备多样，技术要求高，全世界能够自行研制并生产潜艇的国家不多。潜艇自卫能力差，缺少有效的对空观测手段和对空防御武器；水下通信联络较困难，不易实现双向、及时、远距离的通信；探测设备作用距离较近，观察范围受限，容易受环境影响，掌握敌方情况比较困难；常规动力潜艇水下航速较低，水下高速航行时续航力极为有限；充电时须处于通气管航行状态，易于暴露。

　　常规潜艇的自持力一般在45天左右，核潜艇最高纪录可以达到90天。

第二次世界大战后的潜艇

火箭是以热气流高速向后喷出，利用产生的反作用力向前运动的喷气推进装置。一般用作发射装置，用来发射卫星或将卫星带回来。

航天最基本的工具——火箭
HANGTIANZUIJIBENDEGONGJU—HUOJIAN

🜛 火箭的发展历史

也许很多人不知道，其实火箭是由中国人发明的，中国是古代火箭的故乡。由中国古代科学家最早运用火药燃气反作用力原理创制的火箭，在当代科学精英的手中发展成为运载飞船升空的大力神，这是我们每个炎黄子孙都引以为自豪的辉煌成就。

"火箭"这个词在公元3世纪的三国时代就已出现。在公元228年的三国时

正在升空的火箭

期，魏国第一次在射出的箭上装上火把；当时蜀国丞相诸葛亮率军进攻陈仓时，魏国守将郝昭就用火箭焚烧了蜀军攻城的云梯，守住了陈仓。"火箭"一词自此出现。不过当时的火箭只是在箭头后部绑缚浸满油脂的麻布等易燃物，点燃后用弓弩射向敌方，达到纵火目的的兵器。

火箭出现后，在中国被迅速地用于军事行动和民间娱乐中。在宋、金、元的战争中，已应用了火枪、飞火炮、震天雷炮等火药武器。那时的飞火炮和现代的火焰喷射器相似，是一种原始的火箭武器。北宋后期，在民间盛行的烟火戏中，人们利用火药燃气的反作用力，制成了能够高飞和升空的"流星"、"爆竹"，为节日增添了喜庆的气氛。从工作原理看，流星、爆竹已具有火箭的特点。

🜛 火箭的发动机

一说到发动机，大多数的人都会想到马达，并且认为它们与旋转有关。例如，汽车里的往复式汽油发动机会产生转动能量以驱动车轮。蒸汽发动机也用来完成同样的工作，蒸汽轮机和大多数燃气轮机也是如此。

但是火箭的发动机则与之有着根本的区别。它是一种反作用力式发动机。火箭发动机是以一条著名的牛顿定律作为基本驱动原理的，该定律认为"每个作用力都有一个大小相等、方向相反的反作用力"。火箭发动机向一个方向抛射物质，

火箭自身携带燃烧剂与氧化剂，不依赖空气中的氧助燃，既可在大气中，又可在外层空间飞行。现代火箭可作为快速远距离运输工具，可以用来发射卫星和投送武器战斗部。

结果会获得另一个方向的反作用力。我们可能会觉得这和真实的情况不大一样。我们看到的火箭发动机似乎只会发出火焰和噪音，制造压力，而与"抛射物质"没什么关系。

如果我们见过粗大的消防水管喷水的场景，可能会注意到消防员要花很大的力气才能抓住它。水管发生的情况与火箭发动机类似。水管向一个方向喷水，消防员们则运用自身的力量和重量来克服反作用力。如果他们放开水管，那么水管会劲头十足地四处乱撞。如果消防员全都站在滑雪板上，水管将推动他们以极快的速度向后移动。

如果我们吹起一个气球，然后放开它，那么它会满屋子乱飞，直到里面的空气漏光为止，这就是我们制造的"火箭"发动机。在这种情况下，被抛射出去的是气球中的空气分子。与许多人的想法不同，空气分子其实是有质量的。如果您让空气从气球的喷口中喷出来，气球的其余部分则会向相反的方向运动。

现代火箭

火箭是目前唯一能使物体达到宇宙速度，克服或摆脱地球引力，进入宇宙空间的运载工具。火箭的速度是由火箭发动机工作获得的。火箭的速度与发动机的喷气速度成正比，同时随火箭的质量比增大而增大。即使使用性能最好的液氢液氧推进剂，发动机的喷气速度也只能达到4.3～4.4公里/秒。因此，单级火箭不可能把物体送入太空轨道，必须采用多级火箭，以接力的方式将航天器送入太空

发射升空的运载火箭

轨道。

航天运载火箭一般由动力系统、控制系统和结构系统组成，有的还加遥测、安全自毁和其他附加系统。

火箭技术是一项十分复杂的综合性技术，主要包括火箭推进技术、总体设计技术、火箭结构技术、控制和制导技术、计划管理技术、可靠性和质量控制技术、试验技术，对导弹来说还有弹头制导和控制、突防、再入防热、核加固和小型化等弹头技术。

飞机按用途可分为战斗机、轰炸机、攻击机、拦截机。按推进装置的类型，可分为螺旋桨飞机和喷气式飞机。

人类的飞天梦——飞机

RENLEIDEFEITIANMENG—FEIJI

飞行的梦想

自古至今，人们总是在不断地对飞行进行尝试。很多人都尝试着去模仿鸟类，在自己的身体上插两个翅膀，然后从山顶和悬崖上向下跳，希望能够像鸟儿一样扇动翅膀飞到天空，但这些尝试均以失败而告终，莽撞的结果往往是摔断手脚甚至丧生。可能是受风筝及鸟儿的共同启发，渐渐的人们终于明白：物体在空中运动，虽然会受到来自空气的阻力，但当物体具有特定的形状和角度时，也可以产生把物体向上举的升力，运动的速度越高，产生的升力也就越大。

1810年，英国的凯利先生提出了利用

莱特兄弟

机翼产生升力和利用不同翼面的控制来推动飞机的设计思想。而新型动力设备内燃机的出现，使飞机上天的梦想不再遥远。

飞机研制狂潮

有了理论基础和物质基础，19世纪末许多国家掀起了飞机研制热潮。1874年，法国发明家唐普尔制造了一架用蒸汽机推动的单翼机，它依靠从滑道滑下产生的动力加速起飞，离地时间不过一两秒钟。过了10年，俄国人莫柴斯基试飞了自己制造的一架装有蒸汽发动机的单翼机——"埃奥尔"，此次虽飞行了50米，但很难对其加以完全控制。又过了10年，美国人马克西姆的大型模型双翼机也从轨道上升起了几英尺。尽管这些试飞活动都曾离开过地面一段时间，但还不是现代意义上的"飞"，或者说它们只是靠一定动力推动的跳跃而已。

1896年8月12日，德国著名滑翔机专家利连撒尔在经过2000多次滑翔之后不幸失事身亡。就是这一不幸的消息传到了美国，引起了两位年轻的自行车修理工的关注，进而对飞机的发明起到了不小的影响。

美梦成真

1896年，美国人奥维尔·莱特和威尔伯·莱特两兄弟开始了关于飞行的研究。他们也十分重视观察和实验，仔细观察各种鸟在空中的动作，他们发现鸟在转弯时，往往要转动和扭动翼边和翼尖以保持平衡。他俩首先把这种现象与空气动力学原理相结合，并应用到飞机设计上。

从1900到1902年，莱特兄弟在两年多时间里试制了翼段卷曲、装有活动方向舵的滑翔机，先后进行了3次滑翔实验，测量了风向和气流，记录下详细的数据，揭开了包括空中急转、倾斜滑行和拐弯等一个个飞行奥秘，并一再改进机翼和方向舵的形状结构。这些试验为制造载人动力飞机奠定了理论和技术基础。

1903年，莱特兄弟呕心沥血设计的第一架飞机制造出来了。机翼第一次采用较合理的长条形，其横截面为前缘厚、后缘薄的弯曲型，所以具有较大的升力和升阻比。这架飞机被命名为"飞行者"。

1903年12月17日上午，"飞行者"号在美国北卡罗来纳州基蒂霍克沙丘上试飞，由弟弟奥维尔驾驶。这一天共试飞了4次，在第一次试飞中，飞机在两三米

现代化的客机

高的空中飞行了37米，时速48千米，时间12秒；最好的一次不过留空59秒，前进了260米。然而，就是这短暂的12秒，这区区37米，却标志着人类研制飞机的梦想终于成功了。

从古到今，人类翱翔蓝天的古老愿望终于实现了。

飞机的广泛应用

随着科技的进步，飞机已经开始越来越多的应用到各个领域之中，在军事领域，飞机的地位越来越突出。在现代化战争中，夺取制空权更为制约战局的重要因素之一。而且飞机在民用领域的作用也越来越显著。同时，随着现代高科技手段的应用，飞机的行驶已经越来越安全，也越来越规范。

飞机密如蛛网的航线将世界每个角落都紧密地联系在了一起，地球变得越来越小，"地球村"这个字眼也越来越多的出现在人们的生活中。

此外，飞机还广泛应用于工业、农业、救护、体育、环保、执法等多种领域，如大地测绘、地质勘探、资源调查、播种施肥、森林防火、追捕逃犯等，为提高人类的生活水平做出了巨大贡献。

载人航天器——载人飞船
ZAIRENHANGTIANQI—ZAIRENFEICHUAN

载人飞船的结构

载人飞船一般由乘员返回舱、轨道舱、服务舱、对接舱和应急救生装置等部分组成，登月飞船还具有登月舱。为了保证人员能进入太空和安全返回地面，载人飞船主要有以下分系统：结构系统，姿态控制系统，轨道控制系统，无线电测控系统，电源系统，返回着陆系统，生命保障系统，仪表照明系统，应急救生系统。

飞船的主要结构特点是有载人舱。它的主要结构可分为几个舱段，例如，可采用两舱式结构和三舱式结构。如有对接任务时则有对接机构，它放在飞船的最前边。前苏联第一代飞船"东方号"的结构很简单，是两舱式，飞船只载1个人。第二代飞船飞行时，前苏联的"上升号"多了一个出舱用的气闸舱，且能载2~3人；而美国"双子星座

联盟号宇宙飞船

号"飞船仍为二舱式加对接机构。第三代飞船是三舱式结构，如前苏联的"联盟号"飞船。这种飞船的最前端是对接机构，然后接轨道舱，再接返回舱和服务舱，最后与运载火箭相连。有的舱之间有过渡舱段相接连。有出舱任务的载人航天器都增设出舱用的气闸舱。美国"阿波罗号"飞船除有两舱段结构外还增设登月舱。

飞船的轨道舱是飞船重点的舱段，它前端的对接机构供飞船与其它飞船或空间站对接用，其下端通过密封舱门与返回舱相连。它是航天员在太空飞行中，进行科学实验、进餐、体育锻炼、睡觉和休息的空间，其中备有食物、水和睡袋、废物收集装置、观察仪器和通信设备等。轨道舱还可兼作航天员出舱活动的气闸舱。

返回舱也是密闭座舱，在轨道飞行时与轨道舱连在一起称为航天员居住舱。在起飞阶段和再入大气层阶段，航天员都是半躺在该舱内的座椅上，并有一定角度克服超重的压力。座椅前方是仪表板，以监控飞行情况；座椅上安装姿态控制手柄，以备自控失灵时，用手控进行调整。美国水星号飞船在返回地面时自控失灵，就是靠航天员手控使飞船返回地面的。在飞船返回地面之前，轨道舱和服务舱分别与返回舱分离，并在再入大气层过程中焚毁，只有返回舱载着航天员返回地面。

飞船的服务舱也可称"仪器设备舱"。它的前端通过过渡舱段与返回舱相

连，后端与运载火箭相接。"联盟号"飞船的这个舱又分前后两部分，前段是密封增压的，内部装有电子设备，以及环境控制、推进系统和通讯等设备；后段是非密封性的、主要是安装变轨发动机和贮箱等物。服务舱外部装有环境控制系统的辐射散热器和太阳能电池板。

➤ 载人飞船的作用

载人飞船可以进行近地轨道飞行，试验各种载人航天技术。如轨道交会和对接、航天员出舱进入太空；考察轨道上失重和空间辐射等因素对人体的影响；发展航天医学；为航天站接送人员和运送物资；利用各种遥感设备进行对地球的观测；进行空间探测和天文观测；进行登月飞行或行星际飞行。

载人飞船绕地球飞行并安全返回，可以研究人在空间飞行过程中的反应能力，研究人如何才能经受住飞船起飞、轨道飞行时间以及返回大气层时重力变化的影响，研究人在太空环境中长期生存所必须的条件与设备，进行这一研究，将有助于了解太空环境对人身体的影响，为人类开发和利用太空资源，实现长时间的太空航行，以及为实现外星移民而积累经验。

载人航天是人类对太空认识的进一步加深，利用空间微重力、高真空和强宇宙粒子辐射等太空资源，进行微重力条件下的科学试验，生产地面所不能生产的材料，是人类实现载人航天以来一直所梦寐以求的。几十年来航天员在"太空工厂"里所取得的成果，给人类开发和利用太空资源带来了曙光。

➤ 载人飞船与生命科学

人类实现载人航天以来所进行的一系列生物技术、生命科学实验，在加深对人类生命自身的研究、合成新的药物、抵御各种疾病的影响、延续生命和提高生命质量上，取得了重要的成果，同时，又为未来在空间站或外星上建立长期居住基地，提供受控生态环境及生命保障体系，作了理论上和技术上的准备。

几十年来，航天员在太空中进行了一系列生物学实验，主要是对生物体物质、能量循环及调节研究的生物圈研究；利用微重力促进生命进程研究及对微重力环境如何影响地球上生物机体的形成、功能与行为研究的重量生物学研究；对暴露在空间高能环境中的生物体损伤与防护研究的辐射生物学研究。此外，还有生物体组织培养实验，即用于在不能使用整个生物体做试验的情况下，进行各种生理学研究的生物体体外细胞和组织培养。

天文望远镜——探索宇宙的"眼睛"

TIANWENWANGYUANJING—TANSUOYUZHOUDEYANJING

天文望远镜的前身

荷兰眼镜匠李希普在一次配制眼镜的途中，偶然发现一个有趣的现象，就是将两个眼镜片排开一段距离，他便可以通过这两个镜片看到远方的东西，而且明显的感觉到远方的东西被拉近放大。这一现象在欧洲传开之后，马上引起了很多人的注意。伽利略就是其中感兴趣的人之一。

伽利略式望远镜

原本对天空就充满无限好奇的伽利略决定自己制作这种仪器。在1609年，他终于自己制作了一架口径4.2厘米，长约12厘米的望远镜。他是用平凸透镜作为物镜，凹透镜作为目镜，这种光学系统被人们称为伽利略式望远镜。伽利略用这架望远镜指向天空，得到了一系列的重要发现，天文学从此进入了望远镜时代。

天文望远镜

知识链接

折射望远镜的优点

折射望远镜的优点是焦距长，底片比例尺大，对镜筒弯曲不敏感，最适合于做天体测量方面的工作。但是它总是有残余的色差，同时对紫外、红外波段的辐射吸收很厉害。而巨大的光学玻璃浇制也十分困难，到1897年叶凯士望远镜建成，折射望远镜的发展达到了顶点，此后的这一百年中再也没有更大的折射望远镜出现。

开普勒式望远镜

1611年，德国天文学家开普勒用两片双凸透镜分别作为物镜和目镜，使放大倍数有了明显的提高，以后人们将这种光学系统称为开普勒式望远镜。现在人们用的折射式望远镜还是这两种形式，天文望远镜是采用开普勒式。

需要指出的是，由于当时的望远镜采用单个透镜作为物镜，存在严重的色差，为了获得好的观测效果，需要用曲率非常小的透镜，这势必会造成镜身的加长。所以在很长的一段时间内，天文学家一直在梦想制作更长的望远镜，但许多尝试均以失败告终。

折射式的发展

1757年，杜隆通过研究玻璃和水的折射和色散，建立了消色差透镜的理论基础，并用冕牌玻璃和火石玻璃制造了消色差透镜。从此，消色差折射望远镜完全取代了长镜身望远镜。

围绕地球的航天器——人造卫星
WEIRAODIQIUDEHANGTIANQI—RENZAOWEIXING

人造卫星的研发

1955年的一天，前苏联航天设计局负责人科罗廖夫忽然灵机一动，他想：既然火箭可以把核弹头射到数百千米远的地方，为什么不可以把核弹头取下换上卫星呢？经过几个月的酝酿，前苏联政府终于在1956年1月30日做出了决议，批准发展一颗重型人造卫星。1957年10月4日，火箭上载着世界上第一颗人造卫星"斯普特尼克"1号冲上了云霄。卫星内的无线电发射机通过星外天线发射出无线电波，地面监控人员很快便收到了来自太空的无线电信号。由此，人类迈向太空的桂冠，理所当然地落在了苏联人的头上。

中国人造卫星的发射

1970年4月24日，中国自行研制的"东方红"一号人造地球卫星飞向太空，中华民族开始进入宇宙空间；1984年4月8日，我国第一颗静止轨道试验通信卫星"东方红"二号成功发射；1988

美国DSP红外线间谍卫星

年9月7日，"风云"一号升空，我国成为世界上第三个自行研制和发射极轨气象卫星的国家。

从第一颗人造卫星进入太空以来，中国的空间技术进入了一个新时代。

人造卫星的迅猛发展

从地球上有了第一颗人造卫星至今虽然仅50余年，但各国的空间技术都有了迅猛的发展。1960年8月12日，美国国家航空航天局成功地发射了一颗实验性的无源通信卫星"回声"1号，它实际上是一只由聚酯薄膜制成的气球，直径达30米，有10层楼房那么高，但球壳却极薄，同报纸的厚薄差不了多少。人们从此实现了"地球——人造卫星——地球"的空间无线电通信。

知识链接

天气预报

俗话说"天有不测风云"。传统的气象观测系统一直用直接测量法，即利用各种测量仪器直接测出大气的温度、湿度、气压、风力等数据。

1960年4月1日，美国发射了世界上第一颗气象实验卫星"泰勒斯"号。该卫星使气象学家可追踪、预报和分析风暴。

太空中的航空母舰——空间站

TAIKONGZHONGDEHANGKONGMUJIAN—KONGJIANZHAN

人类太空中的"家"

人类并不满足于在太空作短暂的旅游，为了开发太空，需要建立长期生活和工作的基地。于是，随着航天技术的进步，在太空建立新居所的条件成熟了。空间站是一种在近地轨道长时间运行，可供多名航天员在其中生活工作和巡访的载人航天器。小型的空间站可一次发射完成，较大型的可分批发射组件，在太空中组装成为整体。

在空间站中要有人能够生活的一切设施，不再返回地球。

空间站的特点

空间站的特点之一是经济性。例如，空间站在太空接纳航天员进行实验，可以使载人飞船成为只运送航天员的工具，从而简化了其内部的结构和减轻其在太空飞行时所需要的物质。这样既能降低其工程

设计难度，又可减少航天费用。

另外，空间站在运行时可载人，也可不载人，只要航天员启动并调试后它可照常进行工作，定时检查，到时就能取得成果。这样能缩短航天员在太空的时间，减少许多消费，当空间站发生故障时可以在太空中维修、换件，延长航天器的寿命。增加使用期也能减少航天费用。因为空间站能长期（数个月或数年）的飞行，故保证了太空科研工作的连续性和深入性，这对研究的逐步深化和提高科研质量有重要作用。

空间站发展史

到目前为止，全世界已发射了9个空间站。其中苏联共发射8座，美国发射1座。按时间顺序讲，苏联是首先发射载人空间站的国家。其"礼炮1号"空间站在1971年4月发射，后在太空与联盟号飞船对接成功，有3名航天员进站内生活工作近24天，完成了大量的科学实验项目，但

国际空间站

这3名航天员乘联盟11号飞船返回地球过程中，由于座舱漏气减压，不幸全部遇难。"礼炮2号"发射到太空后由于自行解体而失败。苏联发射的礼炮3、4、5号小型空间站均获成功，航天员进站内工作，完成多项科学实验。其礼炮6、7号空间站相对大些，也有人称它们为第二代空间站。它们各有两个对接口，可同时与两艘飞船对接，航天员在站上先后创造过210天和237天长期生活记录，还创造了首位女航天员出舱作业的记录。苏联于1986年2月20日发射入轨的和平号空间站，2000年底俄罗斯宇航局因和平号部件老化（设计寿命10年）且缺乏维修经费，决定将其坠毁。和平号最终于2001年3月23日坠入地球大气层。

美国在1973年5月14日发射成功一座叫天空实验室的空间站，它在435千米高的近圆空间轨道上运行，宇航员用58种科学仪器进行了270多项生物医学，空间物理，天文观测，资源勘探和工艺技术等试验，拍摄了大量的太阳活动照片和地球表面照片，研究了人在空间活动的各种现象。直到1979年7月12日在南印度洋上空坠入大气层烧毁。

🛰 国际空间站

国际空间站的设想是1983年由美国总统里根首先提出的，即在国际合作的基础上建造迄今为止最大的载人空间站。该空间站以美国和俄罗斯为首，包括加拿大、日本、巴西和欧空局（11个国家，正式成员国有比利时、丹麦、法国、德国、英国、意大利、荷兰、西班牙、瑞典、瑞士

美国天空实验室空间站

和爱尔兰）共16个国家参与研制。

国际空间站结构复杂，规模大，由航天员居住舱、实验舱、服务舱、对接过渡舱、桁架、太阳电池等部分组成，试用期一般为5～10年。

总质量约423吨、长108米、宽（含翼展）88米，运行轨道高度为397千米，载人舱内大气压与地表面相同，可载6人。建成后总质量将达438吨，长108米。

国际空间站的结构特点是体积比较大，在轨道飞行时间较长，有多种功能，能开展的太空科研项目也多而广。空间站的基本组成是以一个载人生活舱为主体，再加上有不同用途的舱段，如工作实验舱、科学仪器舱等。空间站外部必须装有太阳能电池板和对接舱口，以保证站内电能供应和实现与其他航天器的对接。

核反应堆，又称为原子反应堆或反应堆，是装配了核燃料以实现大规模可控制裂变链式反应的装置。

裂变链式反应装置——核反应堆
LIEBIANLIANSHIFANYINGZHUANGZHI—HEFANYINGDUI

核反应堆工作原理

核反应堆是核电站的心脏，它的工作原理是这样的。

原子由原子核与核外电子组成，原子核由质子与中子组成。当铀235的原子核受到外来中子轰击时，一个原子核会吸收一个中子分裂成两个质量较小的原子核，同时放出2~3个中子。这裂变产生的中子又去轰击另外的铀235原子核，引起新的裂变。如此持续进行就是裂变的链式反应。链式反应产生大量热能。用循环水（或其他物质）带走热量才能避免反应堆因过热烧毁。导出的热量可以使水变成水蒸气，推动气轮机发电。

由此可知，核反应堆最基本的组成是裂变原子核加上热载体。但是只有这两项是不能工作的，因为，高速中子会大量飞散，这就需要使中子减速增加与原子核碰

压水反应堆内炉

撞的机会，核反应堆要依人的意愿决定工作状态，这就要有控制设施。铀及裂变产物都有强放射性，会对人造成伤害，因此必须有可靠的防护措施。

还需要说明的一点是，铀矿石不能直接做核燃料。铀矿石要经过精选、碾碎、酸浸、浓缩等程序，制成有一定铀含量、一定几何形状的铀棒才能参与反应堆工作。

天然反应堆的神秘面纱

20亿年前，十几座天然核反应堆神秘启动，稳定地输出能量，并安全运转了几十万年之久。为什么它们没有在爆炸中自我摧毁？是谁保证了这些核反应的安全运行？莫非它们真的如世间的传言那样，是外星人造访的证据，或者是上一代文明的杰作？通过对遗迹抽丝剥茧地分析，远古核反应堆的真相正越来越清晰地暴露在我们面前。

瑞士洛桑联邦理工学院内的小型研究型核反应堆CROCUS的堆芯

1972年5月，法国一座核燃料处理厂的一名工人注意到了一个奇怪的现象。当时他正对一块铀矿石进行常规分析，这块矿石采自一座看似普通的铀矿。与所有的天然铀矿一样，该矿石含有3种铀同位素——换句话说，其中的铀元素以3种不同的形态存在，它们的原子量各不相同：含量最丰富的是铀238，最稀少的是铀234；而令人们垂涎三尺，能够维持核链式反应的同位素，则是铀235。在地球上几乎所有的地方，甚至在月球上或陨石中，铀235同位素的原子数量在铀元素总量中占据的比例始终都是0.72%。不过，在这些采自非洲加蓬的矿石样品中，铀235的含量仅有0.717%。尽管差异如此细微，却引起了法国科学家的警惕，这其中一定发生过某种怪事。进一步的分析

建造了小型研究型核反应堆CROCUS的瑞士洛桑联邦理工学院外景

显示，从该矿采来的一部分矿石中，铀235严重缺斤短两：大约有200千克不翼而飞——足够制造6枚原子弹。

接连几周，法国原子能委员会的专家们都困惑不已。直到有人突然想起19年前的一个理论预言，大家才恍然大悟。

原来在1953年，美国加利福尼亚大学洛杉矶分校的乔治·W·韦瑟里尔和芝加哥大学的马克·G·英格拉姆指出，一些铀矿矿脉可能曾经形成过天然的核裂变反应堆，这个观点很快便流行起来。

不久，美国阿肯色大学的一位化学家黑田和夫计算出了铀矿自发产生"自持裂变反应"的条件。所谓自持裂变反应，即可以自发维持下去的核裂变反应，是从一个偶然闯入的中子开始的。它会诱使一个铀235原子核发生分裂，裂变产生更多的中子，又会引发其他原子核继续分裂，如此循环下去，才形成了现在看到的连锁反应。

知识链接

核能的用途

核能是一种具有独特优越性的动力。因为它不需要空气助燃，可作为地下、水中和太空缺乏空气环境下的特殊动力；又由于它少耗料、高能量，是一种一次装料后可以长时间供能的特殊动力。例如，它可作为火箭、宇宙飞船、人造卫星、潜艇、航空母舰等的特殊动力。将来核动力可能会用于星际航行。现在人类进行的太空探索，还局限于太阳系，故飞行器所需能量不大，用太阳能电池就可以了。如要到太阳系外其他星系探索，核动力恐怕是唯一的选择。美、俄等国一直在从事核动力卫星的研究开发，旨在把发电能力达上百千瓦的发电设备装在卫星上。由于有了大功率电源，卫星在通讯、军事等方面的威力将大大增强。

让世界变得细小——全球定位系统

RANGSHIJIEBIANDEXIXIAO—QUANQIUDINGWEIXITONG

全球卫星定位系统

1957年10月，世界上第一颗人造地球卫星的成功发射，使电子导航技术进入了一个崭新的时代。自此，空基电子导航系统（统称为卫星电子导航系统）也应运而生了。第一代卫星电子导航系统的代表是美国海军武器实验室委托霍普金斯大学应用物理实验室研制的海军导航卫星系统，简称NNSS。因为该系统都要通过地极，所以也称"子午仪卫星系统"。这个系统不受时间、空间的限制，但其卫星数目少，运行高度低，因而无法连续地提供实时三维定位信息，很难满足军事和民用的需要。

为实现全天候、全球性和高精度的连续导航与定位，1973年美国国防部批准其陆海空三军联合研制第二代卫星导航定位

地球观测卫星

系统——全球定位系统，简称GPS系统。起初的GPS方案由24颗卫星组成，这些卫星分布在互成120度的三个轨道平面上，每个轨道平面分布8颗卫星，这样的卫星布局可保证在地球上的任何位置都能同时观测到6~9颗卫星。为了识别不同的卫星信号并提高系统的抗干扰能力和保密能力，科学家们采用了直接序列扩频技术，整个系统相当于一个码分多址系统。

为了补偿电离层效应的影响，该系统采用了双频调制。1978年，由于美国政府压缩国防预算，减少了对GPS的拨款，GPS联合办公室就将原来计划中卫星数由24颗减少到18颗，并调整了卫星的布局。18颗卫星分布在互成600的6个轨道平面上，每个轨道平面分布3颗卫星，这样的配置基本能够保证在地球上任何位置均能同时观测到至少4颗卫星。但试验发现这

位于轨道中的GPS卫星

样的卫星配置可靠性不高，另外由于在海湾战争中GPS发挥了巨大的作用，因此，在1990年对第二方案进行了修改，最终方案是由21颗工作卫星和3颗备用卫星组成整个系统，6个轨道平面的每个平面上分布4颗卫星，这样的配置使同时出现在地平线以上的卫星数因时间和地点而异，最少为4颗，最多可达11颗。

GPS系统的意义

GPS系统的建立给定位和导航带来巨大的变化。它可以满足不同用户的需要。在航海领域，它能进行石油勘测、海洋捕鱼、浅滩测量、暗礁定位等；在航空领域，它可以在飞机进场、着陆、中途导航、飞机会合和空中加油、武器准确投掷及空中交通管制等；在陆地上，它可用于

通讯卫星

各种车辆和人员的定位、大地测量、摄影测量、野外调查和勘探的定位等。在空间技术方面，可以用于弹道导弹的引航和定位，空间飞行器的导航和定位等。

GPS系统前景

由于GPS技术所具有的全天候、高精度和自动测量的特点，作为先进的测量手段和新的生产力，已经融入了国民经济建设、国防建设和社会发展的各个应用领域。

随着冷战结束和全球经济的蓬勃发展，美国政府宣布2000年至2006年期间，在保证美国国家安全不受威胁的前提下，取消限制定位精度的政策，GPS民用信号精度在全球范围内得到改善，定位精度由100米提高到10米，这将进一步推动GPS技术的应用，提高生产力、作业效率、科学水平以及人们的生活质量，刺激GPS市场的增长。据有关专家预测，在美国，单单是汽车GPS导航系统，2000年后的市场将达到30亿美元，而在中国，汽车导航的市场也将达到50亿元人民币。可见，GPS技术市场的应用前景非常可观。

知识链接

GPS首次军事应用

1989年，一群认真专注的工程师和一个伟大的产品构想，造就了今日全球卫星定位导航系统这一专业技术。由制造当初在波斯湾战争中被联军采用的第一台手持GPS，到现今成为GPS的第一品牌，GPS以更优良的功能和用途远远超越传统GPS接收器，并为GPS定位系统立下一崭新的里程碑。

为了缓解当时"沙漠风暴"行动时军用GPS接收装置短缺的问题，美军考虑购买民用GPS接收装置。民用接收装置的导航功能和军用装置完全一样，只不过不能识别军用加密信号而已。因此，到了"沙漠盾牌"军事行动的时候，美国国防部就提前购买了数千套民用GPS接收装置装备各参战部队，占到了所有的5300套接收装置的85%。

雷达——神奇的眼睛
LEIDA—SHENQIDEYANJING

🛬 雷达与蝙蝠

雷达是一个很神奇的发明，它就如同我们的眼镜一般，能够"看到"前方的物体，甚至于我们的眼镜看不到的东西也在它的"视线"范围之内。雷达是人类历史上一个很伟大的杰作，它的信息载体是无线电波。

说起雷达，人们首先想到的就是蝙蝠，在1947年一月号的英国奋勉杂志上，便有科学家发表的有关于蝙蝠的文章，这篇文章给我们解释了蝙蝠在黑暗中是如何指导自己飞行的。

蝙蝠不论在如何黑暗，如何狭窄的地

> **知识链接**
>
> **第一台雷达**
>
> 世界上的第一台雷达能发出1.5厘米的微波，因为微波比中波、短波的方向性都要好，遇到障碍后反射回来的能量大，所以探测空中飞行的飞机性能好。为了安全和方便，当时称这种雷达为CH系统。经过几次改进后，1938年，CH系统才正式安装在泰晤士河口附近。这个200公里长的雷达网，在第二次世界大战中给希特勒造成极大的威胁。

方，都不会碰壁，这究竟是什么原因呢？它是如何得知前面有无障碍的呢？

关于这些问题有两位美国生物学家格利芬和迦朗包在1940年便已经证明，蝙蝠能够避免碰撞，不是靠的眼镜，而是藉于自己本身的一种天然雷达，也就是用声波代替电磁波，在原理方面完全相仿。

蝙蝠在飞行的途中会从口中发出一种频率极高的声波，这种声波超过人类听觉范围以外，二位科学家用一种特制的电力设备，在蝙蝠飞行的途中，将它所发出的高频率声波记录出来。这种声波碰到墙上，就会必然折回，它的耳膜就能分辨障碍物的距离远近，而向适宜的方向飞去。蝙蝠传输声波也像雷达一样，都是相距极短的时间而且极有规则，并且每只蝙蝠都有其固有的频率，这样蝙蝠可分清自己的声音，不至发生扰乱。

很多人都认为人类是根据蝙蝠的特性，制作出了飞机雷达。其实这都只是人们美丽的假想、附会，人类其实是先发明

现在雷达的运用越来越广泛

了飞机雷达，然后才发现蝙蝠是有回声定位的。

雷达的原理

事实上，不论是可见光或是无线电波，在本质上都是同一种东西，都是电磁波，传播的速度都是光速。差别在于它们各自占据的波段不同。其原理是雷达设备的发射机通过天线把电磁波能量射向空间某一方向，处在此方向上的物体反射碰到的电磁波。雷达天线接收此反射波，送至接收设备进行处理，提取有关该物体的某些信息。

测量距离实际是测量发射脉冲与回波脉冲之间的时间差，因电磁波以光速传播，据此就能换算成目标的精确距离。

测量目标方位是利用天线的尖锐方位波束测量。测量仰角靠窄的仰角波束测量。根据仰角和距离就能计算出目标高度。

测量速度是雷达根据自身和目标之间有相对运动产生的频率多普勒效应原理。雷达接收到的目标回波频率与雷达发射频率不同，两者的差值称为多普勒频率。

雷达的发明史

雷达是一种神奇的电学器具，它由电磁波往返时间，测得阻波物的距离。

第一次世界大战期间，出现了军用飞机。一些科学家开始想方设法，希望研制出一种远距离寻找飞机的仪器。

1887年，德国科学家赫兹，证实电磁波的存在。他凭着自己敏锐的感觉想到，如果在海上、航线上设置无线电通讯设备，就可以利用电波探测到海上目标。但令人遗憾的是，他没有将此想法付诸实践。

直到1922年，美国科学家根据这个设想，在海上航道两侧安装了电磁波发射机和接收机。不过，这种装置仍然不能算是严格意义上的雷达。

1935年，英国著名的物理学家沃特森·瓦特在此基础上发明了一种既能发射无线电波，又能接收反射波的装置，它能在很远的距离就探测到飞机的行动，这就是世界上第一台雷达。

随后，英国海军又将雷达安装在军舰上，这些雷达在海战中也发挥了重要作用。雷达不仅运用在军事上，还可用来探测天气，查找地下20米深处的古墓、空洞、蚁穴等。随着科学技术的进步，雷达的运用也越来越广泛。

德国物理学家海因里希·鲁道夫·赫兹（1857~1894）

电动汽车多是指纯电动汽车，即是一种采用单一蓄电池作为储能动力源的汽车。它利用蓄电池作为储能动力源，通过电池向电机提供电能，驱动电动机运转，从而推动汽车前进。

汽车——让出行更为便利

QICHE—RANGCHUXINGGENGWEIBIANLI

汽车的发明

在距今5000年左右，人类便发明了车。但车在最初发明之时，车的动力皆为畜力，如马、驴、牛等。这期间人们曾尝试用多种牲畜来驾车，而其的速度及稳定性也是各有千秋，但这种畜力车都有一个共同的特点也是难以克服的弱点，那就是行进速度与持久性有限。

直到18世纪蒸汽机特别是19世纪内燃机发明后，由机械作动力的汽车终于诞生了。就像人类的许多发明成果一样，要想准确的指出谁是汽车的具体发明者非常困难，它是法国、英国、德国、奥地利、美国等国家一批科学家经不断探索和实验后的共同结晶。

但是，1885年德国人卡尔·本茨制成世界上第一辆内燃机汽车，这是汽车发展史上的一件具有划时代意义的大事，这标志着人类的出行又多了一种可以乘坐汽车出行的方式。

现代汽车驶向明天

在经历了第一次世界大战后，汽车获得了迅猛发展，并开始向现代化迈进，以速度更快、乘坐更舒适为目的，并且外形也日益美观大方，这期间先后出现了越野汽车、旅游车、载重汽车等适合不同需要的新成员，从多方面满足人们工作和生活的需要。

20世纪60年代以来，随着计算机、激

知识链接

汽车带来的影响

汽车从出现的那一天起，就给人们的生活以重大影响。它让人们享受到了前所未有的快速、舒适与方便。

汽车的出现和发展，直接引发了公路的延伸，汽车通过高速公路将人带往更遥远的地方。可以说，是汽车改变了原野与城镇的面貌，也改变了人们的思想，改变了人们的生活。

汽车的生产是一项系统工程，它的发展促进了机械、电子、能源等许多相关行业的发展与进步。目前世界许多国家都十分重视汽车工业的发展，有的甚至将其视作自身国民经济的支柱产业。

然而，人们在享受汽车带来的各种"实惠"时，以汽油、柴油为燃料的汽车也让人们尝到了交通、环保、能源、安全等多方面的"苦恼"。最令人揪心的莫过于能源问题和环境问题。

光等高新技术的广泛应用，更给汽车工业的发展带来了巨大生机，推动汽车工业从生产方式到设计结构等多方面产生变革。汽车从内到外也发生了显著的变化，高速度、省燃料、高自动化的汽车纷纷涌现，座椅的改进及立体声音响、空调器等设备的普遍采用，使汽车的性能趋于完善。

此外，太阳能汽车、氢气汽车、无人驾驶智能汽车等新型汽车也相继问世并获得较大发展，同学们如果细心观察，就会发现，道路上的电动汽车越来越多。

第二部分
PART TWO

发明，走进奇异世界
FAMINGZOUJINQIYISHIJIE

　　人类社会的发展一直伴随着科技发明的发展。发明，并不是一个很遥远的词，它就在我们的生活之中，尤其是21世纪以来，科技已经和人类的生活密不可分。

　　我们可以想象一下，如果我们的生活中没有了电脑，没有了电，没有了飞机，没有了先进的医疗仪器，我们的生活将变成什么样子。

油粘土是新型的橡皮泥原料，它主要以碳酸钙等为原料，以液体石蜡为油性成分。与甘油等配制而成，可供幼儿、儿童及有关人员练习制作陶瓷工艺品等使用。

橡皮泥——现代的"泥巴"
XIANGPINI—XIANDAIDENIBA

➤ 橡皮泥的作用

童年，在历史年代，很多农村儿童都是玩"泥巴"长大的。而作为社会发展的产物，橡皮泥作为现代玩具已经代替了传统"泥巴"。

橡皮泥也被用来做幼儿学习的工具。在学拼音的教学过程中，让孩子们用橡皮泥来捏字母，用各种各样颜色的橡皮泥捏成字母，任由小朋友们喜欢哪种颜色就捏哪种颜色的，小朋友们学得非常快。通过这种方法学习小朋友们既学会动手制作，又学了课本的内容，真是一举两得，更体现了"玩中学"、"学中玩"的教学理念。

在动画的发展史上，有过很多经典动画是用橡皮泥作为材料，通过定格动画技术做出的动画。

阿达曼公司的《超级无敌掌门狗》是世界上最著名的橡皮泥动画之一，该系列

用橡皮泥做成的菜园

作品获得了众多知名动画节展的奖项。

➤ 橡皮泥的发展

橡皮泥发展到今天，它的材质和工艺都发生了很大改变，不像以前，不能混色，不能重复使用，而且比较粗糙发硬，现在升级版橡皮泥的称谓是"彩泥"。只要一些家里厨房常用的原料，就可以做出一套这种传统的橡皮泥了，这是一个多么令人兴奋的过程。

➤ 自制橡皮泥

自制橡皮泥有很多方法，下边就来介绍一些比较简单的方法。

第一种方法：一杯半面粉、半杯盐、四分之一杯植物油，大约四分之一杯水，再加几滴食用颜料，混合在一起。然后将其揉捏至柔软。如果面团太湿则加少许面粉，反之加少许水。继续揉捏直至面团柔软并且颜色混合均匀。最后将其装进密封

现代的泥巴——橡皮泥

自从1956年问世以来，橡皮泥就成了孩子们最喜爱的玩具。最开始的橡皮泥只有灰白一种颜色，但随后的几年里橡皮泥就有了各种各样的颜色和香味。包括夜光的、金色、银色、香波味、刮胡水味等等。

可爱的橡皮泥水果

容器或塑料袋中，放入冰箱冷藏。另外，我们在制橡皮泥时可以添加一些凡士林，起防腐的作用。

第二种方法：一杯食盐，半杯面粉和四分之三杯冷水混合，然后加热。加热后我们需要不断搅拌混合物，两三分钟后呈粘稠状。然后将粘稠的混合物搅成面团状，放在蜡纸或锡纸上冷却，冷却一会后再揉一会。这样盐面团就制成，可以使用了。将盐面团包在蜡纸里或放在塑料袋中可储存数天。

第三种方法：一次塑料性手套一双，面粉若干，食用油，食用色素（冲开用小碗装）菜板1个。首先将适量的水、色拉油及食用色素混合，然后开始揉面，边揉边注意是否太干或太稀，如果太干可以加一点水，如果太稀就在加点面粉，而色拉油是让做出来的黏土具有黏性且不易干硬，把面团揉均匀之后即可。

第四种方法：一个锅（最好用平底锅），家用小汤勺和面粉4份（50毫升的小量杯，一杯为一份）、水3份、细盐1勺、食用油1勺、食用色素10滴（根据自己对颜色深浅的要求酌情增减）。

先将面粉和水搅拌好，最好细心捏到没有小疙瘩。然后加上油，盐，和色素。再将以上半成品倒入锅中加热。不停翻炒，等到面团出现半透明之色就熟了。这样橡皮泥就制作成功了。

➤ 风干的橡皮泥软化过程

1. 用一块湿的毛巾罩在干的橡皮泥上，约半天时间，即可使用。

2. 用小毛笔沾水刷在橡皮泥的表面，少量多次即可。

3. 在热水瓶口用水蒸气蒸一下，再揉，充分揉透，最好把干的太厉害的表皮去掉。最后用小喷头喷上水，用保鲜膜包好放。

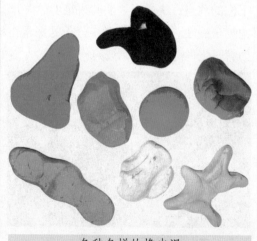

各种各样的橡皮泥

尼龙6的熔点为220摄氏度而尼龙66的熔点为260摄氏度，但对地毯的使用温度条件而言，这并不是一个差别。而较低的熔点使得尼龙6与尼龙66相比具有更好的回弹性、抗疲劳性及热稳定性。

尼龙——柔软的"钢丝"

NILONG—ROURUANDEGANGSI

➤ 尼龙的发明

在尼龙未被发明出来之前，人们渴望有一种新的纤维能够出现，用来代替天然的丝和棉，以期能够减少人类对自然产物的依赖。

1926年，杜邦公司董事长斯蒂恩出于对基础科学的兴趣，建议公司开展有关发现新的科学事实的基础研究。

1927年，杜邦公司决定每年支付25万美元作为研究费用，并开始聘请化学研究人员。第二年，杜邦公司便在特拉华州威尔明顿的总部所在地成立了基础化学研究所，年仅32岁的卡罗瑟斯博士受聘担任该机构有机化学部的负责人。

卡罗瑟斯博士是一位美国化学专家，他来到杜邦公司的时候，正值国际上对德国有机化学家斯陶丁格提出的高分子理论展开激烈争论。卡罗瑟斯赞扬并支持斯陶丁格的观点，决心通过实验来证实这一理论的正确性。因此他把对高分子的探索作为有机化学部的主要研究方向。

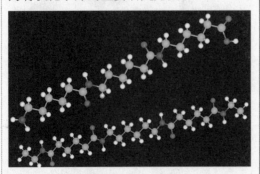

尼龙的分子结构图

1931年夏天，卡罗瑟斯用乙二醇和癸二酸缩合制取聚酯，在实验中，他的同事希尔从反应器中取出熔融的聚酯时发现了一种有趣的现象：这种熔融的聚合物能像棉花糖那样抽出丝来，而且这种纤维状的细丝即使冷却后还能继续拉伸，拉伸长度可以达到原来的几倍，经过冷拉伸后纤维的强度和弹性大大增加。

他预感到这种特性可能具有重大的应用价值，有可能用熔融的聚合物来制造纤维。

经过努力，在1933～1934年，卡罗瑟斯和他的助手们，先后合成了上百种尼龙纤维。1935年，他们终于发明了一种柔韧性能好、抗拉强度高的合成纤维，这就是被命名为尼龙66的产品。

1939年10月24日，美国的杜邦公司，用高约92米的宣传尼龙丝袜玉足模型广告，吸引了无数眼球。人们曾用"像蛛丝一样细，像钢丝一样强，像绢丝一样美"的词句来赞誉这种纤维。

卡罗瑟斯博士带领的研究小组选择各种具有活性基团的分子，在一定条件下相互作用，看看能否成为合成纤维。结果，几百次的试验都失败了。

➤ 尼龙的意义

尼龙又名"卡普隆"、"锦纶"，化学名称是聚酰胺纤维。尼龙的诞生，改变了人们过去靠植物生长、蚕吐丝等得到

尼龙可以混纺或纯纺成各种针织品。尼龙长丝多用于针织及丝绸工业，如织单丝袜、弹力丝袜等各种耐磨结实的尼龙袜、锦纶纱巾、蚊帐、各种尼龙绸或交织的丝绸品。尼龙短纤维大都用来与羊毛或其它化学纤维的毛型产品混纺，制成各种耐磨经穿的衣料。

的天然纤维制衣的习惯，而采用以煤、石油、天然气、水空气、食盐、石灰石等为原料，经化学处理制成的纤维，所以这种纤维也叫人造纤维。此外，主要的合成纤维还有：腈纶、维纶、丙纶和氯纶，其中尼龙和前两种产量最大，占合成纤维产量的90%。它们都具有强度高、耐磨、比重小、弹性大、防蛀、防霉等优点。除制衣外，在工业或其他方面也很有用处。

尼龙66和尼龙6的耐磨性比棉制品高10倍，比羊毛高20倍，弹性好，大多用于制造丝袜、衬衣、渔网、缆绳、降落伞、宇航服、轮胎帘布等。

特别值得一提的是号称"合成的钢

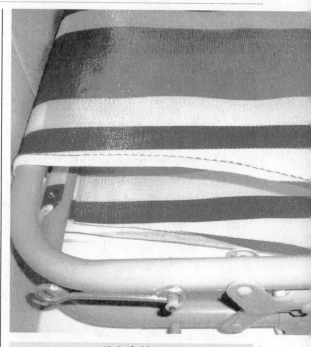

尼龙床料子

丝"的芳纶，它是一种芳香族聚酰胺有机纤维。芳纶在同样重量材料下得到的强度是钢丝的五倍，用手指粗的芳纶绳就可以吊起两辆大卡车！

在康复医学中，使用人造纤维的数量越来越大。氟纶、涤纶和碳纤维是最常用的，如氟纶人造血管等，尼龙中空纤维人工肾、碳纤维人工心脏瓣膜等，都有良好的生物相容性。人工肺的主要部分是数万根空心丙纶纤维管，每根长30厘米，直径250微米，这样小的孔，连血液也不能渗透进去，但却可以让氧气和二氧化碳进行交换，保障人的正常呼吸。

尼龙已经融入人们生活的每一个角落中，成为人类生活所不可或缺的一部分。只要留心观察，便会发现在生活中有很多很多的"尼龙"存在。

知识链接

尼龙的性能

尼龙为韧性角状半透明或乳白色结晶性树脂，作为工程塑料的尼龙分子量一般为1.5～3万。

尼龙具有很高的机械强度，软化点高，耐热，摩擦系数低，耐磨损，自润滑性，吸震性和消音性，耐油，耐弱酸，耐碱和一般溶剂，电绝缘性好，有自熄性，无毒，无臭，耐候性好，染色性差。

缺点是吸水性大，影响尺寸稳定性和电性能，纤维增强可降低树脂吸水率，使其能在高温、高湿下工作。

尼龙与玻璃纤维亲合性良好。常用于制作梳子、牙刷、衣钩、扇骨、网袋绳、水果外包装袋等等。无毒性，但不可长期与酸碱接触。

值得注意的是，加入玻璃纤维后，尼龙的抗拉强度可提高2倍左右，耐温能力也相应得到提高。

橡胶及其制品在加工、贮存和使用过程中，由于受内外因素的综合作用而引起橡胶物理化学性质和机械性能的逐步变坏，最后丧失使用价值，这种变化叫做橡胶老化。

橡胶——珍贵的眼泪

XIANGJIAO—ZHENGUIDEYANLEI

▶ 橡胶的发源地

橡胶，在现代生活中，有很多的用处：防水防滑的胶靴，柔软轻便的运动鞋，电冰箱的密封垫，汽车的轮胎等，都是橡胶做的，它与我们的生活密切相关。

橡胶的故乡在南美洲，那儿生长着一种橡胶树，割破树皮会流出白色的胶乳，一滴一滴流淌下来。当地的印第安人把这种胶乳叫做"树的眼泪"。他们将胶乳凝结后做成圆球，这种圆球落地，就能高高地弹起。

15世纪末，著名航海家哥伦布航行到达美洲时将这种橡胶球带回了欧洲。

1735年，法国科学家康达明参加考察队，在南美洲住了8年。在当地，他看到印第安人把一种树的树皮切开，在切口处流出大量的白色乳汁，人们把它涂在织物上面，很快便变成黑色的固体物质，可以

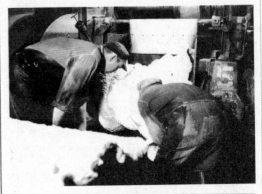

1941年合成橡胶

防水。当地人把它制成防水布、防水鞋和防水容器。

到了1763年，英国化学家黑立桑和马凯尔用松节油和乙醚的混合液溶解已凝固的胶乳，得到一种粘稠的浆液，把这种浆液涂在布上，制得了质量更高的防水布。

1820年，苏格兰化学家查尔斯·麦金托什发现，用石脑油溶解胶乳既有效又便宜。于是，他把溶解在石脑油中的胶乳涂在两块布之间，便制成了夹布雨衣。

遗憾的是，这样制作出来的橡胶制品有一个不足的地方，那就是遇冷变软，容易发粘；遇热变硬，弹性变差；而且，有一股难闻的气味。

▶ 天然橡胶的改变

1930年，古德意，一个美国工程师，他改变了天然橡胶的命运。

古德意承包了邮包的生产，可是邮袋十分不耐用。于是，他想到了橡胶。他学着钢铁生产时加碳的方法，在橡胶里添加

橡胶树

各种物质，以改善橡胶的性能。

经过10年的实验，在1839年的一天，他发现，把橡胶、松节油、硫磺放在坩埚内烧煮，会散发出一股难闻的臭气。古德意被呛得咳嗽不止，他赶紧拿起坩埚，将坩埚内的物体扔进了垃圾堆，离开了房间。但是，当他再次进入房间时，他发现有一块橡胶，手感很好，拉一拉，弹性也不错，摸一摸，也不粘。他意识到，这可能就是他梦寐以求的东西。

为了能够获得更好的橡胶，他又进行了许多的实验，找到了这种橡胶硫化的最佳配比、最佳加热温度和最佳反应时间。1844年，硫化橡胶终于诞生了。

❷ 橡胶识别方法

识别橡胶的方法有很多，下边是常见的几种：

第一种，耐介质增重实验。从成品上取样，浸泡在选定出来的一种或几种介质中，一定温度时间后取称重，根据重量变化率、硬度变化率推断材料的种类。

第二种，热空气老化实验。从成品取样，放在老化箱里老化一天，观察老化后的现象。可以分级老化逐步升温。比如150摄氏度下有些会脆断，有些却还有弹性。

天然橡胶采集（图左）
从松脂里提取的松油节能够用来制作硫化橡胶（图右）

升到180摄氏度下普通丁腈橡胶就会脆断；而230摄氏度下饱和丁腈橡胶也会脆断，而氟胶和硅胶却仍然有很好的弹性。

第三种，燃烧法。少许样品，在空气中烧。一般来说氟胶等离火自熄，即使烧着火苗也比一般天然橡胶、三元乙丙橡胶的要小的多。当然，如果仔细观察，燃烧状态、颜色、气味也会提供很多信息。比如丁腈橡胶/聚氯乙烯并用胶，有火源时火劈啪的乱溅，似乎有水，离火自熄，烟浓且有酸味。需要注意的是有时添加了阻燃剂但不含卤素的胶也会离火自熄，这要借助别的办法进一步推断。

第四种，测比重。用电子称或分析天平，精确到0.01克的即可，外加一杯水，一根头发丝即可。一般来说氟胶比重最大，比重明显偏大的可以考虑是共聚氯醇橡胶。

第五种，低温法。从成品上取样，用干冰和酒精制造一个合适的低温环境。把样品泡在低温环境下2～5分钟，在选定温度下感觉软硬程度。比如在零下40摄氏度时，同样耐高温耐油很好的硅胶和氟胶对比，硅胶则比较软。

知识链接

橡胶的分类

橡胶按原料分为天然橡胶和合成橡胶。按形态分为块状生胶、乳胶、液体橡胶和粉末橡胶。乳胶为橡胶的胶体状水分散体；液体橡胶为橡胶的低聚物，未硫化前一般为粘稠的液体；粉末橡胶是将乳胶加工成粉末状，以利配料和加工制作。

着色玻璃有效吸收太阳辐射热，达到蔽热节能效果；吸收较多可见光，使透过的光线柔和；较强吸收紫外线，防止紫外线对室内影响；色泽艳丽耐久，增加建筑物外形美观。

玻璃——五光十色的"珠宝"
BOLI—WUGUANGSHISEDEZHUBAO

📡 玻璃的发明

玻璃的发明，源于一次偶然的发现。3000多年前，一艘来自欧洲的腓尼基商船满载着一种被称做"天然苏打"的晶体矿物顺着贝鲁斯河而来。

由于海水落潮，他们的船被搁浅了，船员们纷纷登上沙滩，抬来大锅，搬来燃料，准备在沙滩上做饭，可是沙滩上空无一物，所以他们就搬来大块的"天然苏打"晶体当做锅的支撑物，然后烧火做饭。

船员们吃完饭，潮水开始上涨了。他们正准备收拾东西，登船向前航行的时候，一个船员突然惊讶的喊道："快来看那，锅下面的沙地上有一些宝贝！"

船员们纷纷跑了回来，发现他们烧过火的地方有一些闪闪发亮、晶莹通透的东

玻璃已经应用到各个地方

西。他们立即把这些闪烁光芒的东西带回船上，进行研究。

他们发现，这些亮晶晶的东西上粘有一些石英砂和融化的天然苏打。原来，这些闪光的东西，是他们做饭时当做支架的天然苏打，在高温下与沙滩上的石英砂发生化学反应而产生的晶体，这就是最早的玻璃。

聪明的腓尼基人发现了制造玻璃的原理后，开始尝试把石英砂和天然苏打融合在一起，然后用特制的熔炉进行加工，制成玻璃球，卖往各地发了大财。

事实上世界上较早发明玻璃的并不只是腓尼基人，3700年前古埃及人就发明了有色玻璃，并且制作出了装饰品和简单的玻璃器皿。

公元前1000年，中国人就发明了无色玻璃。

玻璃在实际生活中的应用则始于罗马

制作玻璃需要的石英

由于玻璃的成分主要是二氧化硅，而二氧化硅是很难自然分解的，在自然环境下，需要100万年的时间，所以为了保护环境，我们要注意使用玻璃制品，要有回收利用的意识，每回收一个玻璃瓶所节省的能量足可以让100瓦的灯泡亮4小时。

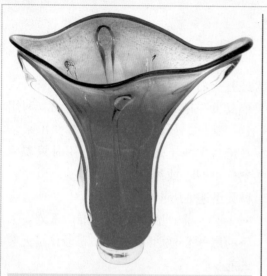

漂亮的玻璃工艺品

人，大约4世纪的时候，罗马人率先把玻璃安装在门窗上。

到1291年，意大利的玻璃制造技术已经非常发达了。意大利人独自掌握了玻璃的制造工艺后，害怕其他人也学会这种工艺，因此进行了保密，他们把所有生产玻

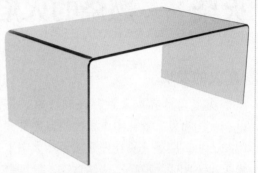

用玻璃制成的茶几

璃的工人集中在一个孤岛上，终生不得离开孤岛半步，否则就处死。

意大利人在很长一段时期内垄断玻璃的生产工艺，赚取了大量的金钱。

直到1688年，纳夫发明了制作大块玻璃的工艺，玻璃才从昂贵之物变成最普通的东西。

现代人所用的玻璃是用石英砂、纯碱、长石及石灰石经高温熔化加工而成，工艺已经相当成熟，不但能制造出普通的玻璃，而且能制造出各种特种玻璃。

▶ 玻璃的使用

玻璃现在已经广泛用于建筑、日用、医疗、化学、电子、仪表、核工程等领域，成为当今时代最普遍的材料之一。

此外，玻璃按性能特点又分为：钢化玻璃、多孔玻璃（即泡沫玻璃，用于海水淡化、病毒过滤等方面）、导电玻璃（用作电极和飞机风挡玻璃）、微晶玻璃、乳浊玻璃（用于照明器件和装饰物品等）和中空玻璃（用作门窗玻璃）等。人们在日常的生活中，也会随时随地看到或用到玻璃。

知识链接

防弹玻璃

防弹玻璃是由多层玻璃、多层塑料中间膜粘结加工而成，可抵御手枪、步枪甚至爆炸的强烈攻击。

通常，一些恐怖爆炸事件中，横飞的玻璃是造成人员伤害的重要原因，波及的半径可达数千米。防弹玻璃在震碎的情况下，仍能完整保留在框架内，大大降低了玻璃碎片对人的伤害。

有了这些保障，世界政要和重要人物都愿意乘坐装有防弹玻璃的汽车来保护自己。此外，一些重要设施，如银行大门、贵重物品陈列柜、监狱和教养所、门窗也都使用防弹玻璃，能在一定时间内抵御穿透。

信号火柴点燃以后，宛如一支燃烧的火炬，散发出红色、兰色或白色的火焰，可以持续照亮十几分钟，在风雨中也不会熄灭。它亮度特别大，能帮助遇难的火车、轮船发出求救的信号。

火柴——燃烧的火焰
HUOCHAI—RANSHAODEHUOYAN

🔴 火的发现

火是自然界本来就存在的现象，雷电、火山喷发、森林中堆积物的自燃都会引起大火。原始人最初正是从天然火中采集火种来照明、取暖、烧烤食物、抵御野兽的袭击。但是这样的火如果不持续添柴的话，迟早是会熄灭的。天然火又不是随时都会出现的，现实迫使原始人必须设法自己生出火来。

🔴 火柴的发明

在我国古代传说中，有一个燧人氏钻木取火的故事。钻木取火，就是用一根木棒立在另一块木块上，然后用力旋转，是一种因摩擦生热而发火的做法。在原始社会，主要是用燧石互相打击取火。后来，随着社会的进步，人们开始用铁块

篝火

或打火石相互碰撞来取火。再后来，人们又发现硫磺遇热就会燃成火焰。利用这一特性，最原始的火柴被制作出来。在麻片上蘸上熔融的硫磺，用时只要将它轻触炭火或经火绒上的火星一引，它就会迅速燃烧起来。

公元前2世纪，由西汉淮南王刘安手下的炼丹术士发明的发烛，可看作是火柴的前身。

用发烛或蘸硫磺的麻片引火仍少不了打火装置，因为它们还是不能自动生火。这个难题的解决与磷的发现与研制是分不开的。

1669年，一位德国的炼金术士布兰德从人尿中分离出一种白色蜡状物质，在黑暗中发着冷光，布兰德将其命名为磷，意思是"发光者"。布兰德未公开他的发现，但磷这种自然界诱人的物质，还是幸运地在1680年被当时英国的大化学家波义耳再度发现。

在波义耳发现磷后不久就有人试图用磷制造火柴，世界上第一根火柴诞生于200多年前的意大利。火柴梗用木棒制成，火柴头的主要成分是氯酸钾和蔗糖，使用时将火柴头接触一下浓硫磺，片刻后火柴头会剧烈燃烧。

1827年左右，英国药剂师约翰·沃克制出了最早的摩擦火柴。火柴头裹了一层加树胶和水制成膏状的硫化锑和氯酸钾。把火柴夹在砂纸中拉动便会着火。比起浓

永久火柴是由奥地利工程师裴迪南·尼赫发明的火柴，到目前为止它的制法和所用的化学制剂，还是个商业秘密。这种火柴外表与普通火柴没有什么差别，只是外层涂了一层特殊的化学混合制剂，因此一根能擦上600次，而且不会受潮。

硫磺，这种火柴要安全得多，因此也被叫做"安全火柴"。

1834年，以白磷为原料制作的火柴逐渐流行开来。但白磷是一种极易燃烧的物质，在空气中稍一受热，就会烧起来，容易引起火灾。而且白磷有毒，长期使用会致人死亡，所以，白磷火柴又叫"有毒火柴"。19世纪末，白磷被三硫化四磷取代。

1845年，德国人施罗脱制成红磷并用于火柴制造，红磷火柴安全无毒。19世纪50年代中期，瑞典制造商伦德斯特罗姆将磷与其他易燃成分分开，把无毒的红磷涂在火柴匣表面的擦面上，其他成分则涂在火柴头上，藏于匣内。这样，火柴头只有在擦面上摩擦才能点燃，由于这种火柴性能可靠，价格低廉，因此，很快风靡全球。这也就是沿用至今的"安全火柴"。

◉ 火柴分类

根据用途和药头成分，火柴可分为日用火柴（普通火柴）和特种火柴两大类。

日用火柴，按包装外形和所用原料有木梗火柴、蜡纸梗火柴和书式火柴3种。木梗火柴：用质地比较松软的木材制成方形截面的火柴梗，梗端沾上石蜡和药浆，

现在的火柴

知识链接

古典式钻木取火

"钻木取火"一直是人们比较熟悉的一种取火方式，但现在社会很少有人尝试过这种方法，因为其非常困难。首先，要找到合适的木材做钻板，如质地较软而且干燥的白杨、柳树等等；再找一些相对较硬的树枝做钻头，条件不像钻板一般苛刻；然后，把钻板边缘钻出倒"V"形的小槽；最后，在钻板下放入一个易燃的火绒或者枯树叶，然后双手用力钻动，直到钻出火来为止。

干燥后装于木片或纸板制成的小盒中，盒侧面涂以磷层。最普通的火柴是蜡纸梗火柴，简称蜡梗火柴。用薄纸浸以熔融的石蜡后挤缩成截面为圆形或方形的长梗条，再经切断制成火柴梗。适合于缺乏木材的地区。因梗枝含蜡量大，引燃性能比较好，燃烧时间也比同样规格的木梗长2～3倍，适用于航海、渔猎、勘探等野外作业的环境。但是石蜡在较高温度下易软化，使梗枝的刚度降低，影响使用，故不适用于热带地区。书式火柴：因其包装外形扁薄且似书册而得名。其梗枝是用木片或纸板冲切而成，每10支或15支为一组，一端基部相连，呈梳齿状，梗尖一端沾石蜡及药浆。制成火柴后，用卡纸封面装订成册。磷层涂刷于封面装订处。使用时逐根撕下擦划。这种火柴外形美观、携带方便。

特种火柴：采用特种的药头配方，以产生不同的特殊功能。它主要分为抗风防水火柴、高温火柴、信号火柴、多次燃烧火柴及感光火柴。

电池的能量储存有限，电池所能输出的总电荷量叫做它的容量，通常用安培小时作单位，它也是电池的一个重要参数。原电池制成后即可以产生电流，但在放电完毕即被废。

电池——携带方便的电源

DIANCHI—XIEDAIFANGBIANDEDIANYUAN

▶ "莱顿瓶"

1745年，普鲁士的克莱斯特利用导线将摩擦所起的电引向装有铁钉的玻璃瓶。当他用手触及铁钉时，受到猛烈的一击。

可能是在这个发现的启发下，莱顿大学的马森布罗克在1746年发明了收集电荷的"莱顿瓶"。因为他看到好不容易收集的电却很容易地在空气中逐渐消失，就想寻找一种保存电的方法。有一天，他将一支枪管悬在空中，用起电机与枪管相连，另用一根铜线从枪管中引出，浸入一个盛有水的玻璃瓶中，他让一个助手一只手握着玻璃瓶，马森布罗克在一旁使劲摇动起电机。这时他的助手不小心另一只手与枪管碰上，他猛然

电池

感到一次强烈的电击，喊了起来。马森布罗克于是与助手互换了一下，让助手摇起电机，他自己一手拿水瓶子，另一只手去碰枪管，也是同样的情景。

虽然马森布罗克不愿再做这个实验，但他由此得出结论：把带电体放在玻璃瓶内可以把电保存下来。只是当时搞不清楚起保存电作用的究竟是瓶子还是瓶子里的水，后来人们就把这个蓄电的瓶子称作"莱顿瓶"，这个实验称为"莱顿瓶实验"。这种"电震"现象的发现，轰动一时，极大的增加了人们对莱顿瓶的关注。

▶ 电的来源

19世纪末，许多电器已经诞生，如电灯、电话、电报、电唱机等。这些电器的问世，给人们的生活带来了便利和欢乐。然而，这些电器都是要用电的。没有了电，这些东西就毫无利用价值，成了一堆废物。

电的来源有两个途径：一是由发电机发电，二是由蓄电池供电。蓄电池便于携带，使用方便，但它供电的时间太短，因为当时的铅蓄电池是由铅和硫酸制成的。它的工作原理是，让铅和硫酸两个"冤家"碰在一起，让它们"打架"。在这个过程中，就产生了电流。由于硫酸的腐蚀性非常强，更有"战斗力"，因此，铅难以招架，不久就被打得"遍身鳞伤"，"举起两手投降"。这样，一场"恶斗"很快就结束了，电流也就不能产生了。这

电池指盛有电解质溶液和金属电极以产生电流的杯、槽或其他容器或复合容器的部分空间。随着科技的进步，电池泛指能产生电能的小型装置，如太阳能电池。电池的性能参数主要有电动势、容量、比能量和电阻。

知识链接

废电池的危害

废弃在自然界中的电池，会慢慢从电池中溢出汞，进入土壤或水源，再通过农作物进入人体，损伤人的肾脏。

著名的日本水俣病就是甲基汞所致。镉渗出污染土地和水体，最终进入人体使人的肝和肾受损，也会引起骨质松软，重者造成骨骼变形。汽车废电池中含有酸和重金属铅，泄漏到自然界可引起土壤和水源污染，最终对人造成危害。

种蓄电池使用时间短，因此，人们管它叫"短命蓄电池"。

爱迪生蓄电池

在20世纪即将来临的时候，爱迪生觉得发明一种"长寿"的蓄电池，比发明其他电器更有意义。于是，爱迪生把研制新型蓄电池的工作排上了日程。

在经过反反复复地试验、比较、分析之后，爱迪生确认病根出在硫酸上。因此，治好病根的方案与原来设想的一样：用一种碱性溶液代替酸性溶液，然后找一种金属代替铅。当然这种金属应该会与选用的碱性溶液发生化学反应，并能产生电流。

问题看起来很简单，只要选定一种碱性溶液，再找一种合适的金属就行了。然而，做起来却是非常非常的困难。

爱迪生试用了几千种材料，做了4万多次的实验，可依然没有什么收获。

1904年，在一个阳光灿烂的日子，爱迪生终于用氢氧化钠溶液代替硫酸，用镍、铁代替铅，制成世界上第一块镍铁碱电池。它的供电时间相当长，在当时可以算是"老寿星"了。

正当助手们欢呼试验成功的时候，爱迪生十分冷静。他觉得，试验还没有结束，还需要对新型蓄电池的性能做进一步的验证。因此，他没有急着报道这一重大新闻。

为了试验新蓄电池的耐久性和机械强度，他用新电池装配6部电动车，并叫司机每天将车开到凸凹不平的路面上跑100英里，然后他将蓄电池从四楼高处往下摔来做机械强度实验。

经过严格的考验，不断地改进。1909年，爱迪生向世人宣布：他已成功地研制出性能良好的镍铁碱电池。

为了纪念爱迪生付出的辛勤劳动，人们管镍铁碱电池叫"爱迪生蓄电池"。

美国大发明家爱迪生发明了长寿的蓄电池

电灯——光明的传递者

DIANDENG—GUANGMINGDECHUANDIZHE

爱迪生与电灯

电灯的发明是人类照明设施的巨大进步，对社会发展影响巨大而深远。

在电灯问世以前，人们主要的照明工具是煤油灯或蜡烛。这不但需要经常添加燃料，而且很不方便。更严重的是，灯烛的明火容易导致火灾。因此，当电被发明后，人们迫切希望能出现一种既安全又方便的照明工具。

1809年英国化学家戴维斯发明了弧光灯，这虽然能够解决夜晚的照明，但是却不适合家庭使用，因为它过于刺眼，只能在街道或者广场充当照明设施。

1878年，爱迪生开始了电灯实验，而且在完成了对玻璃泡的真空处理后，碳化丝点亮了，但是持续时间仍然不长；应该选一种熔点较高的材料制成灯

T. A. EDISON.
Electric-Lamp.

No. 223,898.　　Patented Jan. 27, 1880.

Fig 1.

Fig 2.

Fig 3.

Witnesses　　　　　　　*Inventor*
Chas. H. Smith　　　*Thomas A. Edison*
Geo. T. Pinckney　　+ *Lemuel W. Serrell*

爱迪生的电灯泡草图

丝，他立即想到了白金，不过这种昂贵的金属并不理想。

他没有气馁，又前后试验了1600余种材料，均不符合灯丝的要求。实验工作陷入低谷，他焦虑不已，顺手去拉自己脖子上的围巾，却扯下来一根棉纱，他不由得眼前一亮，棉纱是不是可以当做灯丝呢？他立即把棉纱进行了碳化处理，没想到居然连续亮了13个小时，后来的试验又达到45个小时。

后来，爱迪生发现日本出产的一种竹子特别合适作灯丝，于是便大量从日本进口这种竹子。同时，爱迪生又开设了美国第一家电厂，架设电线，人们使用电灯的时代到来了。

1906年，人们改用钨丝充当灯丝，这就是我们今天所用的白炽灯。

爱迪生把生产出来的第一批灯泡安装在"佳内特号"考察舰上，以便考察人员有更多的工作时间。

此后，爱迪生连续解决了并联供电、稳压器、开关、接线盒、绝缘带、保险丝等一系列配件问题，使得电灯用起来既安全又方便，这样，电灯开始进入普通老百姓的家庭生活中。

电灯发明引发的争议

大多数人都认为电灯是由美国人托马斯·阿尔瓦·爱迪生发明的。但是，另一美国人亨利·戈培尔比爱迪生早数十年就已经发明了使用相同原理和物料且可靠的

电灯泡，而在爱迪生之前很多科学家都对电灯的发明作出了不少贡献。

1874年，加拿大的两名电气技师申请了一项电灯专利。他们在玻璃泡之下充入氮气，以通电的碳杆发光。但是他们没有足够财力继续发展这项发明，于是在1875年把专利卖给爱迪生。爱迪生购下专利后，尝试改良使用的灯丝。1879年他改以碳丝造灯泡，成功维持13个小时。

到了1880年，他造出的炭化竹丝灯泡曾成功在实验室维持1200个小时。但是在英国，斯旺控告爱迪生侵犯专利，并且获得胜诉。爱迪生在英国的电灯公司被迫让斯旺加入为合伙人。但后来斯旺把他的权益及专利都卖给了爱迪生。在美国，爱迪生的专利亦被挑战。美国专利局曾判决他的发明已有前科，属于无效。最后经过多年的官司，爱迪生才取得碳丝白炽灯的专利权。

托马斯·阿尔瓦·爱迪生

🔖 无绳电灯

美国麻省理工学院研究人员2007年6月10日进行了"无绳灯泡"的实验。由索尔贾希克领导的研究小组利用两个铜丝线圈充当共振器，一个线圈与电源相连，作为发射器；另一个与台灯相连，充当接收器。结果，他们成功地把一盏

知识链接

电灯用久了为什么会发黑？

在电灯内发亮的是钨丝，钨丝可以在很高的温度下保持稳定并不会融化，而是直接升华成气体，等关灯后，温度下降，钨气又重新凝华成固体覆在了灯泡内壁上，因为钨是黑色固体，所以白炽灯用久了以后，钨在灯内壁反复累积，灯泡就会变黑了。

距发射器2.13米开外的60瓦电灯点亮。而且试验显示"无线电能传输"技术对人类无害，因为电磁场只对能与之产生共振的物品有影响。

🔖 中国的第一盏电灯

中国的第一盏电灯出现在清光绪五年四月初八（1879年5月28日），当时在上海公共租界工部局工作的英国电气工程师毕晓浦在境内乍浦路一幢仓库里，以10马力的蒸汽机为动力，带动自激式直流发电机发电，点燃碳极弧光灯，由此，宣告电灯在中国开始投入使用。

1882年英国人立德尔购买美国制造的发电设备，在南京路江西路北角（今华东电业管理局）创办了中国第一家发电厂，并在外滩一带串接15盏电灯。

20世纪50年代，在鼓浪屿上，每天晚上只要电灯暗了一下立马又亮起来，人们就知道是8点整了。

中国古代服饰以正色为尊，注重衣色之纯，按照五行金、木、水、火、土的方式分为青、黄、赤、白、黑，而且历朝历代所崇尚的颜色也各异。

染料——创造缤纷世界
RANLIAO—CHUANGZAOBINFENSHIJIE

染料的提取史

颜色是人类社会生活中不可缺少的组成部分。从洪荒中走出的原始人群，也喜欢佩带美丽的饰物，装点彩色的人生。

很久以前，印度人就学会了从植物中提取天然染料。首先，他们从自然界采集树叶，选择可以做原料的部分用水溶解；再经过一些必要处理，制成黄色的液体，经太阳晒后变成青色；最后，出现蓝靛沉淀物。这是人们从天然植物中提取蓝靛染料的过程。

从大自然中提取染料，这种方式耗时费力，而且数量有限。于是，人们渐渐地转向从化学物质中提取染料。

19世纪，欧洲的许多工厂都掌握了从苯中提取蓝色染料的技术。

后来人们发现温度计里的水银流进锅里，原来需要两天的加热制取染料工作，却仅用一个小时就完成了。紧接着，一个

很久以前，印度人就学会了从树叶中提取天然染料。

更大规模的蓝靛染料工厂破土兴建，化学染料开始大量生产。

但是，真正的化学染料的发明者，是一位年仅18岁的大学生——珀金。

珀金是英国人，18岁的时候，珀金已是一位大二的学生。他想利用暑假搞些研究，于是，他的老师让他自己尝试着做一些化学合成实验。

于是，年轻的珀金忙碌开了。一次，珀金将重铬酸钾加进从煤焦油里提炼出的苯胺里，突然发现试管底部有一些奇怪的黑色沉淀物。他决定研究一下这奇怪的沉淀物。当珀金将黑色沉淀物放入酒精中后，意外地出现了美丽的紫色。他想，要是将这漂亮的颜色染在布匹上，制成衣服肯定很好看。这个念头在珀金的脑子里一闪而过，他巡视四周，发现衣架上挂着一条素白色的围巾。

他顺手取下，用那紫色液体染制一番，然后晾在了绳子上，一条美丽的围巾就产生了。

次日清晨，珀金发现美丽的围巾掉在了地上，粘上了一些尘土。他只好把它放在水盆里轻轻冲洗。没想到的是，围巾上的颜色一点不掉。珀金惊讶极了，他用热水、肥皂对围巾使劲搓洗，但色彩依然光鲜如故。接着他又将围巾拿到太阳下暴晒，色彩还是毫不脱落。

后来，珀金将他的发明命名为"阿尼林紫"。

按照生态纺织品的要求禁用118种染料以来，环保染料已成为染料行业和印染行业发展的重点，环保染料是保证纺织品生态性极其重要的条件。环保染料除了要具备必要的染色性能以及使用工艺的适用性、应用性能和牢度性能外，还需要满足环保质量的要求。

染色牢度

染色牢度是指染色织物在使用过程中或在以后的加工过程中，染料或颜料在各种外界因素影响下，能保持原来颜色状态的能力。

染色牢度是衡量染色成品的重要质量指标之一，容易褪色的染色牢度低，不易褪色的染色牢度高。染色牢度在很大程度上取决于其化学结构。此外，染料在纤维上的物理状态、分散程度、染料与纤维的结合情况、染色方法和工艺条件等也有很大影响。

染色牢度是多方面的，对消费者来说，一般比较主要的包括：日晒、皂洗、汗渍、摩擦、刷洗、熨烫、烟气等牢度。另外，纺织品的用途不同或加工过程不同，它们的牢度要求也不一样。为了对产品进行质量检验，纺织部门和商业部门参照纺织品的使用情况，制订了一套染色牢度的测试方法和标准。

环保型染料

环保型染料应包括以下十方面的内容：

1. 不含在特定条件下会裂解释放出22种致癌物质的染料，无论这些致癌芳香胺游离于染料中或由染料裂解所产生。

2. 不是致癌性染料。

3. 不是过敏性染料。

4. 可萃取重金属的含量在限制值以下。

5. 不是急性毒性染料。

6. 不含环境激素。

7. 不含会产生环境污染的化学物质。

8. 甲醛含量在规定的限值以下。

9. 不含变异性化合物和持久性有机污染物。

10. 不含被限制农药的品种且总量在规定的限值以下。

从严格意义上讲，能满足上面要求的染料应该称为环保型的染料，真正的环保染料除满足上面要求外，还应该在生产过程中对环境友好，不要产生"三废"，即使产生少量的"三废"，也可以通过常规的方法处理而达到国家和地方的环保和生态要求。

颜色鲜艳的民族服饰

根据德国的一项最新研究，比起用新鲜青豆、胡萝卜所做的菜肴，罐头里的青豆、胡萝卜所含的各类维生素、叶酸、碳水化合物、蛋白质、脂肪等等，都没什么明显的不同。

罐头食品——拿破仑悬赏征集的"秘方"

GUANTOUSHIPIN—NAPOLUNXUANSHANGZHENGJIDEMIFANG

● 罐头食品——征集到的秘方

18世纪末，拿破仑率领的法国军队远征意大利、埃及和叙利亚，由于供给线过长，许多食品在运输途中就腐烂变质了。为了解决这一问题，法国政府于1795年悬赏12000法郎，征求长期保存食品的方法。看到公告，许多人马上开始研究和试验。在研究者中，出现了一个名叫尼古拉·阿佩尔的巴黎人。

阿佩尔是一个多年从事蜜饯食品加工的商人，具有丰富的食品加工知识和经

拿破仑

验。看到公告，他立即开始了自己的试验行动。阿佩尔根据自己的实践知道，放在玻璃瓶里的食品易于保存，而且保存食品时，应当尽量隔绝空气。阿佩尔按这样的思路进行试验，但由于条件限制，始终无法将食品与空气隔绝开来。

1804年初夏的一天，阿佩尔因面粉紧缺无法制点心，便将已煮沸的果汁放入瓶中，加软木塞后放置了起来。没想到面粉到货竟在一个月后。当阿佩尔沮丧地打开果汁瓶时，他发现了一个奇怪的现象——居然没有闻到预料中的馊味，而是有一股果香冒了出来，原来，果汁没有变坏。就这样，他进一步发明了"密封容器贮藏食品新技术"。

阿佩尔将肉装进瓶里，放到蒸锅中蒸了2小时之后取出来，又趁热将软木塞塞紧、瓶口用蜡封好。这回，瓶中的食物被成功地储存了两个月之久。

阿佩尔在兴奋之余向法国政府报告了他的"密封容器贮藏食品新技术"。法国政府如法炮制，并带到海上去考验。几个月后的鉴定结果表明这是一项非常成功的食品保存技术。很快，这种罐头被大量生产出来，并且阿佩尔的罐装食品技术也从法国传到了欧洲各国。

1809年，阿佩尔因为"密封容器贮藏食品新技术"而得到了法国政府给予的1.2万法郎赏金。1812年，他用这笔钱在法国开设了世界上第一家罐头厂，命名

为"阿佩尔之家"，产品多达70余种。至此，罐头的历史与这个叫阿佩尔的人就永远联系在了一起。

罐头储存的原理

阿佩尔虽然得到了高额奖金，但他并不知道罐头保鲜的原理，而那些生产出罐头的人，在很长一段时间里，对于罐头为什么能够长期保存食品而不变质，同样也只是知其然而不知其所以然。这个奥秘最终是由法国著名科学家巴斯德在1857年解开的。

巴斯德证实食物腐败是微生物在作祟，他在用科学试验证明肉食罐头的安全卫生性的同时，指出单靠密封防止外来的细菌是不够的，还需严格消毒杀死罐头内部的细菌。这些都是他的细菌致病理论、巴氏杀菌法的应用。至此，巴斯德食品罐头流行起来。

罐头的包装

19世纪初，人们发明了在铁皮上镀层锡的马口铁后，就改用马口铁来装茶叶了。丢兰特从茶叶罐的材料变迁中想到用当时流行的马口铁来制成罐头。他亲自动手，制出了世界上第一只铁皮罐头。铁皮罐头轻巧，密封性能良好，还不易碰坏，便于运输。1823年，丢兰特在英国申请了专利，开办了世界上第一家马口铁罐头厂。可是由于完全用手工生产，罐头成本非常高。到1847年专门压制罐头的机器发明后，生产成本才降了下来。

在铁皮罐头又风行了100年之后，美国人莱依诺尔茨想到试用其他材料来制作罐头。1947年，世界上第一只铝罐在莱依诺尔茨手中诞生，它用薄如纸片的铝箔制成，十分轻巧。以后，人们又将它发展成更加方便的易拉罐。

可口可乐——药水变汽水
KEKOUKELE—YAOSHUIBIANQISHUI

◆ 可口可乐的发明

19世纪80年代，潘伯顿在美国佐治亚州经营着一家药店，他是一个成功的经营者，非常注意医药市场的动态和信息。有一次，潘伯顿在一本医学杂志上看到一篇报道。报道称：1884年，美国医生柯勒从古柯树中提取出一种叫做古柯碱的物质，具有止痛功效。经深入研究和多次实验，潘伯顿用古柯树叶和柯拉树籽做原料，配制成名叫古柯柯拉的药水在自己的药店出售。由于古柯柯拉治疗头痛效果相当好，所以回头客特别多。

1886年5月的一天，住在药店附近的贺斯先生因头疼到药店买古柯柯拉。可不巧，药水都用光了。潘伯顿不在，药店的伙计无法到配方房取药。为了应付顾客，

可口可乐易开罐

平时看惯了潘伯顿配药的伙计，顺手拿了一瓶其他治头痛的药水，配上苏打水糖浆，交给了他。

没过多久，又有一位顾客来店买药，他自称是贺斯的朋友，头也有点疼，喝了贺斯刚买的药水，感觉味道不错且能解渴，来询问是否有毒副作用。伙计胡乱地敷衍道："这种药水的原料取之于两种植物，当然不会有什么毒副作用。"其实，他说的是古柯柯拉，而他自己刚才配的是什么药水却记不清了。"那我再买几瓶当开水喝。"顾客说道。伙计取了几种治头痛的药水交给顾客，顾客都说不是刚才那种深红色的药水。对症吃药绝非儿戏，顾客生气地敲着柜台，厉声呵斥伙计不负责任的态度。

潘伯顿刚巧回到店里，他向伙计打听事情的原委。伙计怕老板责怪自己乱配药，便随口撒谎说顾客要买古柯柯拉，可是已经卖完了。潘伯顿连忙上楼重新配制药水。顾客依然说这不是自己要的药水。这分明是地地道道的古柯柯拉呀！为什么顾客说不是呢？潘伯顿觉得很奇怪，在他的再三追问下，伙计只好供出自己胡乱配药的事实，潘伯顿严厉地批评了他。事情本该到此画上句号，可潘伯顿是一个思维活跃的人，他想：那深红色的药水的味道肯定不错，要不，那位顾客就不会缠住伙计执意要买了，说不定正好是一种新型饮料的配方。

于是，潘伯顿反复将多种药水按不同比例配制。一个月后，他终于配出了风味独特、爽口解渴的深红色饮料。由于它是错配古柯柯拉的结果，因此，潘伯顿也把它叫做古柯柯拉。

● 名字的由来

可口可乐的英文名字是由潘伯顿当时的助手及合伙人、会计员罗宾逊命名的。罗宾逊是一个古典书法家，他认为"两个大写C字会很好看"，因此他亲笔用斯宾塞草书体写出了"Coca-Cola"。"coca"是可可树叶子提炼的香料，"cola"是可乐果中取出的成分。"可口可乐"商标100多年来一直未有改变。

● 可口可乐在中国

1927年，上海街头悄然增加了一种饮料——"蝌蝌啃蜡"。

名字还不是这种饮料最古怪的地方。它棕褐色的液体、甜中带苦的味道，以及打开瓶盖后充盈的气泡，让不少人感觉到既好奇又有趣。古怪的味道，加上古怪的

可口可乐专用卡车

知识链接

配方的秘密

可口可乐原作为药物出售（当时不少美国民众相信碳酸饮料有助健康），当时顾客赞不绝口，争取要这种"新配方"可口可乐，从此，可口可乐这种由可口可乐糖浆与碳酸水混合的饮料风行世界，并且从1894年起，以瓶装出售。

1903年，由于政府禁止使用可卡因作为饮料添加剂，所以可口可乐的成分中不再有可卡因，可口可乐的配方，至今除了持有人家族之外无人知晓，可口可乐公司也会严密防止自己的员工偷窃配方，至今，可口可乐虽然有了不少竞争对手（如百事可乐），但依然是世界上最畅销的碳酸饮料。

名字，这种饮料的销售情况自然很差。于是，在第二年，这家饮料公司公开登报，用350英镑的奖金悬赏征求译名。最终，身在英国的一位上海教授蒋彝击败了所有对手，拿走了奖金。而这家饮料公司也获得了迄今为止被广告界公认为翻译得最好的品牌名——可口可乐。它不但保持了英文的音译，还比英文更有寓意。更关键的一点是，无论书面还是口头，都易于传诵。这是可口可乐步入中国市场的第一步。

然而，在22年后，随着美国大使馆撤离，可口可乐也撤出了中国大陆市场。自此之后的30年内，大陆市场上再没出现过这种喝起来有点像中药的饮料。

1979年，在中美建交之后的第三个星期，第一批可口可乐产品从香港经广州运到了北京。可口可乐再度返回了中国大陆市场。如今，可口可乐融入了中国人的生活，同时也见证了中国融入世界的过程。

玻璃镜片包括光学玻璃镜片及高折射率镜片（即通常所称的超薄片），其硬度高、耐磨性能好，一般其质量及各项参数不会随时间而改变，但是玻璃镜片的抗冲击性及重量方面要略逊于树脂镜片。

眼镜——让世界更清晰
YANJING—RANGSHIJIEGENGQINGXI

培根与眼镜

13世纪中期，英国学者培根看到许多人因为视力不好而不能看清书上的文字，就一直想发明一种工具来帮助人们提高视力。

一天雨后，培根来到花园散步，看到蜘蛛网上沾了不少雨珠，他发现透过雨珠看树叶，叶脉放大了不少，连树叶上细细的毛都能看得见。根据这个现象，他找来一块木片，挖出一个圆洞，将玻璃球片装上去，再安上一根柄，便于手拿，这样人们阅读写字就方便多了。

这种镜片后来经过不断改进，成了现在人们戴的眼镜。光是矫正视力的眼镜，就有青少年用的近视镜与老年人戴的老花

英国科学家培根发明了玻璃眼镜，为人类的文明进步作出了贡献。

知识链接

眼镜的发明

眼镜的最初发明是为了解决视力下降，视物不清的困扰，如今则发展成了一种眼镜文化，这种文化充分反映了一个国家、民族的思想意识形态、道德、价值观、信仰、风俗习惯等文化特点，随着各历史时代文化的发展而发展。它以物质和艺术的结合，通过有形的方式体现出来。它一方面反映了社会文明的进步，同时也体现着佩戴者的身份、社会地位、思想观念、兴趣爱好等。

镜，还有其他各种用途的眼镜，人们学习、工作就更方便了。培根为人类的文明进步作出了巨大贡献。

走进生活的眼镜

1937年法国人发明了"亚克力"塑料眼镜片，这种镜片很好的解决了眼镜片易碎的问题，不过"亚力克"眼镜片的清晰度不够好。1954年法国依视路公司一位工程师发明了树脂镜片，自此以后，这种镜片便成为世界镜片王国的主流，并且让寻常百姓也能够放心使用，而且这种镜片一直沿用到今天。

如今眼镜不再是单一的解决视力需求的问题，而有了更多的用途，变色眼镜、蛤蟆镜、纯粹的玻璃镜是为了时髦和审美的需求，夜视镜、罪犯追踪镜、防风镜等则是为了行业的需求。目前，更多类型的眼镜被开发出来，大大拓宽了眼镜最初的用途。

肥皂的用途很广，除了大家熟悉的用来洗衣服之外，还广泛地用于纺织工业。通常以高级脂肪酸的钠盐用得最多，一般叫做硬肥皂。

肥皂——神通广大的"清洁夫"
FEIZAO—SHENGTONGGUANGDADEQINGJIEFU

● 肥皂的发明

肥皂虽然很小、很不起眼，但是它已经成为我们生活中所不可或缺的一部分。它的历史十分久远，在某种程度上也可以说，它是人类最早的重大化学发明之一。

在大约公元前3000年，苏美尔人就开始制造肥皂了，他们采用的办法是把几种碱放在一起煮，用其残留物来洗澡或洗东西。

还有一种说法是：有一次埃及国王胡夫设宴招待宾客，忙乱中的食品师一不留神把满满一盆油碰翻在地，闯了大祸。厨师们都赶忙帮他收拾场地，他们用手把沾有油脂的灰捧到厨房外扔掉，再来到水盆边洗手，说来奇怪，他们竟意外地发现这样洗手既快又干净，省了洗手水。当国王知道了事情的原委后，不但没有惩罚厨师，还吩咐下人照厨师的办法做出沾有油脂的炭灰块饼，放在洗漱之处，供客人使用，这样，肥皂的雏形就产生了。

公元前600年，腓尼基人也开始利用一种类似的膏状物来洗东西。到公元前70

装饰性肥皂

年，罗马帝国学者普林尼第一次用羊油和草木灰制取块状肥皂取得了成功，从此，罗马开始使用起肥皂来。

1791年，法国化学家卢布兰用电解食盐的方法制取火碱成功，从此结束了从草木灰中制碱的古老方法。19世纪初，合成碱被发明出来，这就使大规模地廉价生产肥皂成为可能，等到20年代，大规模的制碱法出现了，从此肥皂价格下跌，成为普通家庭的生活必备品。

● 肥皂去污的原因

肥皂之所以能去污，是因为它有特殊的分子结构，分子的一端有亲水性，另一端有亲油脂性。在水与油污的界面上，肥皂使油脂乳化，溶解于肥皂水中，在水与空气的界面上，肥皂围住空气分子形成泡沫。原先不溶于水的污垢，因肥皂的作用，无法再依附在衣物表面而溶于肥皂泡沫中，最后被清洗掉。

双开拉链有两个拉头，可从任意一端打开或闭合。将两个拉头都拉靠紧锁件而使其分开，便可完全打开。适用于大型袋子、卧具、帐篷等。

拉链——神奇的扣子
LALIAN—SHENQIDEKOUZI

拉链的发明

拉链是我们在日常生活中很少会关注的一个小物件，它虽然小却无处不在，它为人类的生活提供了很大的方便，而且很多人可能不知道的是：拉链的发明可以算得上是服装制造业的一场革命。

拉链的发明者威特科姆·贾德森是美国芝加哥的一位工程师，他很想发明一种能够代替扣子的东西。

1893年的时候，贾德森终于发明了最原始的拉链。

"移动扣子"工厂的问世

贾德森研制的这件样品在当时引起了美国一位叫沃卡的上校军官的注意，他认为这是一个很好的发明。在沃卡上校的建议下，他们共同成立了拉链制造公司。1896年5月18日，第一批拉链正式问世。

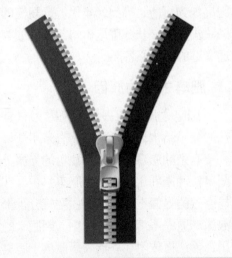

拉　链

知识链接

拉链的使用注意法则：

当我们开合拉链时，有时链头就会咬住线段或布料而使链头拉不动。在这种情况下，如果强要拉动拉头，则会愈咬愈深，正确的方法是将拉头倒退，把布料解开，然后再从新拉紧。还有就是在缝装拉链时，注意不要留有隐患。以外，对于开合不顺利的拉链，用石蜡或润滑喷雾剂涂于表面和里面，然后移动数次后就可以滑动了。

遗憾的是，早期生产的这种"可移动的扣子"很不好用。面对这样的境遇，沃卡校很是着急，后来，他认识了一位名叫萨德巴克的瑞典工程师。沃卡校邀请他参与拉链的制作研究。

1912年，萨德巴克终于发明了操作简单，可靠性强，可以分离的金属拉链。

1913年，第一个现代式样的金属拉链获得了专利。但是在当时它并没有引起多大轰动，人们认为它并没有多少用处。

拉链的推广

一直到了1917年的时候，美国海军、空军开始使用拉链代替鞋带、扣子，这时拉链才得到了空前的利用。

1953年，德国的一家拉链公司首次推出了用塑料制作的拉链，从而大大降低了拉链的生产成本。

1955年，塑料拉链大量上市。如今的拉链已经变得多种多样，美观耐用。其使用范围之广也如同我们喝自来水差不多。

牛仔裤——帆布成为时尚
NIUZAIKU—FANBUCHENGWEISHISHANG

牛仔裤的形成

1850年，列维·施特劳斯和数十万怀着淘金梦的小伙子一样，来到美国旧金山淘宝。

热闹非凡的淘金场面、蜂拥而来的淘金工人，给列维带来了灵感，他到远处贩了一批帆布，准备高价卖给工人搭帐篷作临时住宅用。谁知等他把帆布运到工地时，绝大多数淘金工人已经在下雨前安营扎寨了，因此，这批帆布也就没有任何用途了。为此，列维感到懊恼不已，但是，经过几天的观察，他发现工人们的衣服破得很快，列维灵机一动，找到一家裁缝铺，将这批结实耐磨的帆布裁制成裤子，并且计划卖给淘金工人。

列维把这种裤子拿到淘金工地去推销，结果大受欢迎。1853年，列维开办了自己的第一家工厂。

为了以优质产品应市，列维购买了一

一条蓝色牛仔裤

批法国涅曼发明的经纱为蓝、纬纱为白的斜纹粗棉布，而且一上市就大获成功。

20世纪50年代，美国好莱坞的几位男影星在一些描写西部生活的影片中穿用了牛仔裤，结果创造出了一种现代的着装风格。自此，列维发明的工装裤在美国西部流行起来，成为大众的新装，尤其受到西部放牧青年的喜爱，人们给了它一个新名字叫"牛仔裤"。

辉煌时期

20世纪70年代，牛仔裤进入最辉煌的时代，并在缤纷的女装世界里悄然酿造出一种中性化的青春派势：牛仔裤与各种衣衫的搭配中，创造着一种色彩沉稳优雅、款式单纯洗练、做工精致完美的风格。

知识链接

人物简介

列维·施特劳斯于1829年出身在一个德国犹太家庭，因为厌倦了家族世袭式的文职工作，18岁时就追随两位哥哥远渡重洋到美国去淘金。在美国，列维开了一家日杂百货店。极具商业眼光的他，抓住了当时西部牛仔和淘金者的需要，制成了坚固、耐久、合身而且时尚的牛仔裤，推向世界市场。列维·施特劳斯也因此而成为闻名于世的"牛仔裤大王"。

邮票的方寸空间，常体现一个国家或地区的历史、科技、经济、文化、风土人情、自然风貌等特色，这让邮票除了邮政价值之外还具有收藏价值。

邮票——不需付邮资的信

YOUPIAO—BUXUFUYOUZIDEXIN

最早意义上的邮票

在信封诞生之前，人们对保守信件秘密颇伤脑筋。据说，古希腊的奴隶主为了保守秘密，曾经使用奴隶的头皮来传递消息。他们先将奴隶的头发剃光，在头皮上写信，待头发长了之后，便把这封"信"送出，收"信"人只要将送信的奴隶的头发剃掉，就可以读到"信"的内容。古希腊奴隶的头发也许是最能保守秘密的原始信封了。

邮票的诞生

在100多年以前，世界上还没有邮票，寄信往往由收信人支付邮资。

有一天，英国一个村庄出现了这样一件事：当邮递马车来到村庄时，邮递员取出邮件，叫一个取信人就收一个人的钱。这时，一个年轻的姑娘听到叫她的名字，喜上眉梢，接过信看了两眼，马上把信退回去。一位名叫希尔的先生

知识链接

人物简介

罗兰·希尔，英国邮政改革家。他的一生为改革和发展邮政事业作出了重大贡献。他率先倡议邮资预付，也是世界上第一枚邮票的创始人，被誉为"近代邮政之父"。1837年他提出减低和均一邮资的主张。1850年被任命为英国邮政大臣。1860年被英国女王赐予爵士称号。1879年被授予伦敦市名誉市民称号，同年在伦敦逝世，享年85岁。

以为她是没钱付邮费，连忙掏出钱，结果却被拒绝。原来，信是姑娘的未婚夫写来的。他们事先约好特定的符号，以此来确定未婚夫的现况。这样，一看信封就明白，不用花钱取信。

希尔知道真相后，对他们的做法很生气，心想一定要想办法改变这种现况。于是，他设计了几张像钱样的小票——邮票，并把自己的想法报告了英国政府。

第一枚邮票

1840年5月6日，英国政府采纳了希尔的建议，正式发行邮票。英国首次发行的邮票图案为维多利亚女王的肖像。

这就是世界上第一枚邮票的诞生。它的底面为黑色，面值为一便士，是英国早期发行的著名的"黑便士"邮票。另一种是面值为两便士的"蓝便士"。邮票的发明为通讯事业的发展，起到了极大的促进作用。

邮 票

抽水马桶——卫生水准的量尺

CHOUSHUIMATONG—WEISHENGSHUIZHUNDELIANGCHI

抽水马桶的发展史

英国女王伊丽莎白一世抱怨她的里士满宫殿里未倒空的便器恶臭难闻。1595年，她的侍臣约翰·哈灵顿爵士在意大利旅行期间听说了一项令人神往的发明，即一种用水冲掉污物的厕所。于是，哈灵顿前来解难，在里士满宫中试修了一个抽水马桶，结果证明很成功。

哈灵顿的设计只是一个超越时代的特例。这在当时对大多数人而言是不切实际的。大多数人的生活依然照旧。

英国发明家约瑟夫·布拉梅在18世纪后期改进了抽水马桶的设计。并且在1778年取得了专利权。

抽水马桶

直到19世纪后期，欧洲的城镇都已安装了自来水管道的排污系统后，大多数人才用上了抽水马桶。

这时，许多欧洲人才第一次享受到抽水马桶的好处，而这已是距哈灵顿的发明300多年之后的事了。

抽水马桶在远古

抽水马桶发明至今已有400多年，其萌芽却可以追溯到更久远的年代。考古学家们发现，远在古埃及、古罗马和古希腊时代，已经有类似冲水马桶的装置存在。

古代中国在这方面并不落后。中国考古学家在河南省商丘的西汉王墓中，发现了一座陪葬的冲水马桶装置。这个时期用石头做的马桶有马桶座和扶手，可以通过管子用水冲洗。

知识链接

抽水马桶的原理

放水时，扳动放水旋钮，旋钮通过杠杆将出水塞拉起。这样水箱的水就会放出。水被放出后，出水塞落下，堵住出水口。此时，浮球也因水面下降，处在水箱底部。而浮球的下落，带动杠杆将进水塞拉起，而使水进入水箱内。随着水面的上升，浮球也会因浮力逐渐升高，直至通过杠杆将进水塞压下，堵住进水口。这样水箱内又盛满水。

当进水管因故障而漏水时，水箱内水面会不断升高，最终将溢出水箱。而渗水管的设置就解决了这个问题。当水面升高至渗水管口时，水就会从渗水管流入马桶内，不会使水漫过水箱。而进水管正常工作时，水箱内水面不会达到渗水管口处，所以也就不用担心水会流走。

手表是人类所发明的最小、最坚固、最精密的机械之一。其特点是方便携带、查时方便，并且能够根据需求做出不同的式样。

钟表——记下时间的足迹
ZHONGBIAO—JIXIASHIJIANDEZUJI

钟表发展史

公元1300年以前，人类主要是利用天文现象和流动物质的连续运动来计时。例如，日晷是利用日影的方位计时，漏壶和沙漏是利用水流和沙流的流量计时。

东汉张衡制造漏水转浑天仪，用齿轮系统把浑象和计时漏壶联结起来，漏壶滴水推动浑象均匀地旋转，一天刚好转一周，这是最早出现的机械钟。

北宋元祐三年（1088）苏颂和韩公廉等创制水运仪象台，已运用了擒纵机构。

1657年，荷兰的惠更斯把重力摆引入机械钟，创立了摆钟。

1715年，英国的格雷厄姆又发明了静止式擒纵机构，弥补了后退式擒纵机构的不足，为发展精密机械钟表打下了基础。

18～19世纪，钟表制造业已逐步实现工业化生产，并达到相当高的水平。20世

知识链接

钟表的分类

钟表的应用范围很广，品种甚多，可按振动原理、结构和用途特点分类。按振动原理可分为利用频率较低的机械振动的钟表，如摆钟、摆轮钟等；利用频率较高的电磁振荡和石英振荡的钟表，如同步电钟、石英钟表等；按结构特点可分为机械式的，如机械闹钟、自动、日历、双历、打簧等机械手表；电机械式的，如电摆钟、电摆轮钟表等；电子式的，如摆轮电子钟表、音叉电子钟表、指针式和数字显示式石英电子钟表等。

纪，随着电子工业的迅速发展，电池驱动钟、交流电钟、电机械表、指针式石英电子钟表、数字式石英电子钟表相继问世，钟表的日差已小于0.5秒，钟表进入了微电子技术与精密机械相结合的石英化新时期。

钟表在中国

我国近代机械制钟工业始于1915年。民族实业家李东山出资在烟台开办了中国时钟制造业的第一家钟厂——烟台宝时造钟厂。并在1918年自制成功第一批座挂钟投放市场。

1955年由天津、上海试制出第一批国产手表。经过50多年来不断地进行技术改造和技术改进，我国手表行业已形成具有相当生产能力和配套完整的工业体系。手表产量居世界第四位。

怀表

保温瓶——装满热水的"宝瓶"
BAOWENPING—ZHUANGMANRESHUIDEBAOPING

保温瓶的发明

虽然发明了汞气压表的意大利发明家托里拆利于1643年已建立了真空理论，但是，直到1892年才出现了满足实验室研究需要的热水瓶，它的发明者是英国苏格兰地区的一位名叫詹姆斯·杜瓦的物理学家，他用热水瓶来贮存做实验用的液体。人们为了纪念这位保温技术的发明者，便将这种保温容器称为"杜瓦瓶"。杜瓦瓶至今还用来贮存用于低温研究的液态气体等实验用品。

杜瓦瓶发明后不久，德国玻璃技师伯格认识到了这种容器所具有的商业价值，而且还制订了把它投入市场的计划。伯格甚至举办了一次给他的保温瓶起个好名字的比赛，结果他挑选的获胜名字就是希腊词"thermos"，"thermos"意为热，因此，保温瓶也被称作热水瓶。

各式各样的保温瓶

保温瓶

有关保温瓶的概念很简单：瓶有内壁和外壁，两壁之间呈真空状，空无一物。热不能穿过真空进行传递，所以凡是倒入瓶里的液体都能在相当长的一段时间内保持它原有的温度。这就是为什么保温瓶能够冬天保持饮料暖热，夏天保持饮料冷凉的原因。许多参加过多次旅游的人觉得很难想象，没有保温瓶会是一种什么样的情形。

我们今天使用的热水瓶是一种双层玻璃容器，内外壁在顶部完全封闭起来，夹层中的空气被抽了出来，以便减少热的传导；热水瓶的内壁镀有一层硝酸银来加强保温性能；瓶口较小，用软木塞封口；还配了一层美观实用的外壳来保护瓶胆。现在市面上流行和普通家庭日常所用的热水瓶的容积分别为五磅和八磅，而且制作工艺也已经十分成熟，人们已经学会制作多式多样的保温瓶。

> ### 知识链接
>
> **人物简介**
>
> 詹姆斯·杜瓦（1842～1923）是一位化学和物理学方面的专家，在研究低温现象上有很大的成就。他生在英格兰的一座小镇，早年曾在爱丁堡大学接受教育，1785年在剑桥大学教授自然哲学，主要是物理学方面的实验。1877年，他在英国科学研究所从事化学方面的研究。1892年，因为化学研究的需要，杜瓦发明了热水瓶，这样，他就由一个身居研究所的科学家变成了贴近平民生活的科学家。

高压锅又叫压力锅，用它可以将被蒸煮的食物加热到100摄氏度以上。它以独特的高温高压功能，大大缩短了做饭的时间，节约了能源。但是工作压力大的压力锅对营养的破坏也比较大。

高压锅——烹饪的好帮手
GAOYAGUO—PENGRENDEHAOBANGSHOU

高压锅的发明

帕平生于法国，因崇信新教而不得已迁居到德国。在那里，他开始研究液体，获得研究成果：在密闭容器中，气压高低跟水的沸点高低成正比例，气压高，水的沸点就高；气压低，水的沸点也低。于是，帕平就设计出一个密闭的容器。装入水，加热煮沸，结果，食物熟得很快、很烂。这种锅，被称为"帕平锅"，也有人称之为"消化锅"，它又可称作压力锅、高压锅。

高压锅工作原理

高压锅的原理很简单，因为水的沸点受气压影响，气压越高，沸点越高。在气压大于1个大气压时，水就要在高于100摄

高压锅

氏度时才会沸腾。

人们现在常用的高压锅就是利用这个原理设计的。高压锅把水相当紧密地封闭起来，水受热蒸发产生的水蒸气不能扩散到空气中，只能保留在高压锅内，就使高压锅内部的气压高于1个大气压，也使水要在高于100摄氏度时才沸腾，这样高压锅内部就形成高温高压的环境，饭很快就容易做熟了。

高压锅的应用

现在高压锅已广泛地被人们所使用，医院也用它给医疗器具、绷带、纱布等消毒。生活在高原地区的人们用它来作厨具，尤其是驻扎在高原地区的部队，他们的主要厨具就是特殊制造的高压锅。

安全规定

为了保证高压锅的产品质量，国家对高压锅产品实行了许可证制度。此外，国家标准还对高压锅的密封性能、防堵安全性和卫生要求等作了具体的规定。

缝纫机——"飞针走线"
FENGRENJI—FEIZHENZOUXIAN

缝纫机的发明史

18世纪中叶工业革命后，纺织工业的生产促进了缝纫机械化的发展。1790年，英国首先发明了世界上第一台先打洞、后穿线、缝制皮鞋用的单线链式手摇缝纫机。

19世纪时，又出现了许多缝纫机械化的设想。1830年，法国一个名叫巴瑟莱米·蒂蒙尼尔的裁缝成功地制成了第一台缝纫机。而在美国，缝纫机得到了进一步的发展。美国人艾尼尔斯·豪和艾萨克·辛格在互不通气的情况下，都独立设计出了实用的缝纫机模型。

缝纫机与其发明者

艾尼尔斯·豪是第一个制造出用针尖带孔的针进行双线连锁缝纫方式的缝纫机的人。并且在1846年为他的缝纫机申请了专利。

一开始，艾尼尔斯·豪发明的缝纫

家用缝纫机

机由于操作比较难而没有引起美国人的注意，也没有被大规模地推广。艾尼尔斯·豪有些失望，他在没有挖掘到缝纫机的潜力之前就草草地将缝纫机发明专利权转让给了英国人。但他并没有放弃对缝纫机的研究，后来他到英国去工作，并继续完善他的发明。一番努力的结果是，他的缝纫机不仅能加工布制品，同时也能缝纫皮革和其他类似的材料。

另一位美国人，艾萨克·辛格比艾尼尔斯·豪晚几年研制出第一台实用的缝纫机。辛格的成功在很大程度上要归功于他已认识到"卖得越多，利润就越大"。因此，他所在的公司开发了廉价制造缝纫机的方法，采用成批的生产工艺和分期付款销售方式，深受人们的欢迎，其业务量也不断增加。到1860年，他的公司已成为世界上最大的缝纫机制造厂家。

知识链接

缝纫机历史地位

20世纪七八十年代，缝纫机是深受中国人欢迎的"结婚四大件"之一，（另外三件是：自行车、电风扇、收音机）。大约自90年代始，购买成衣成为中国人的衣着习惯，缝纫机开始逐步退出家庭。许多小型裁缝店亦被大型的服装厂兼并，服装厂工人们使用的是电动缝纫机，家用缝纫机的辉煌已渐渐成为过去。

微波炉——神奇的炉子
WEIBOLU—SHENQIDELUZI

➤ 微波炉带来的震撼

1980年，在巴黎日用品展览会上，一项与人们生活极为密切的表演吸引了成千上万的观众。只见表演者将装有食品的器皿放进一个电视机大小的箱子内，关上箱门按动开关后仅几分钟的时间，香味诱人的饭菜就做好了。

这仅用通常做饭几分之一的时间就可以做熟一顿饭的箱子，就是现在作为烹饪的理想厨具进入许多家庭的"微波炉"。

➤ 微波炉的发明

珀西·斯宾塞原本是美国雷西恩公司的一位工程师。

1945年的一天，斯宾塞正在做雷达起振实验的时候，上衣口袋处突然渗出暗黑色的"血迹"。同事们慌忙地对他说：

"您是不是受伤了，胸部怎么流血了？"斯宾塞用手一摸，胸部果然湿乎乎的。他一下子紧张起来，但稍一思索后，他立刻明白了，这只不过是一场虚惊：原来是放在口袋里的巧克力融化了。他换了件干净衬衣继续工作。

可是口袋里的巧克力无缘无故的为什么会融化呢？斯宾塞的脑子马上闪过了这个问题，并且抓住这一现象进行了认真分析和研究。"难道是微波起的作用？"斯宾塞突然想到这个可能性。

于是斯宾塞用微波对各种食品进行实验。实验发现某些波长的电磁波的确能引起食物发热。

在此基础上，他第一个提出利用微波加热食物的设想。两年后，雷西恩公司根据这个微波加热原理，研制出世界上第一台微波炉。

➤ 微波炉的工作原理

雷西恩公司通过试验发现：微波碰到金属就会发生反射，而能够畅通无阻地透过玻璃、陶瓷、塑料等绝缘体不会消耗能量，但微波透不过含有水分的淀粉、蔬菜、肉类，能量却会被其吸收，从而使食物在微波消耗中获得热量。

微波能够加热烧熟食物的原理是：微波迫使含水食品中自由排列、杂乱无章的水分子按照微波电场方向首尾一致地排队、且随电场变化。因为微波的波长很短（12厘米），每秒钟的频率达

微波炉的加热空间（玻璃转盘在加热时会转动，使加热较均匀）

微波炉能效标准实施，将推动行业进行产品升级、技术升级，有利于行业整体价值提升，进一步提升国内企业的国际市场竞争力；对社会而言，既有利于消费者节省使用成本，也有利于节能减排，因此，整个行业都在采取切实有效的措施，积极响应。

2450兆赫，频率很高，加剧了含有水分的淀粉、蔬菜、肉类中分子以每秒几十亿次的频率正反高速运动，于是产生热量，把食物"煮"熟。

🔹 烹调之神

1947年，美国雷西恩公司制成了世界上第一口微波锅，随后风靡欧美。但人们逐步发现微波锅逸出的微波会伤人，锅的结构有待改进。高技术产品的研制改进常呈你追我赶的局面。

本文开头说的1980年巴黎日用电器展览会上的轰动场面——微波炉就是英国一家公司设计制造出来的。它在密闭性、安全性等方面都好于美国的微波锅，被称为"烹调之神"。

微波炉最早被称为"雷达炉"，原因是微波炉的发明来自雷达装置的启迪，后来正名为微波炉。

不同品牌的微波炉

1947年，斯宾塞所在的雷西恩公司正式推出第一台商用微波炉，供饭店和团体使用。然而早期的微波炉由于成本太高、寿命短，未能被市场接受。

日本发明家小仓庆志于1964年对微波炉进行了改进，大幅度地降低了微波炉的成本，从而降低了它的价格。1965年，乔治·福斯特对微波炉提出了改进意见，并和斯宾塞一起设计了更耐用，而且价格比较低廉的微波炉。

1967年，一种家用的售价低廉的微波炉开始推向市场，当年销售量就超过了5万台，以后销售量逐年大幅上升，并逐渐走入了世界各地的普通家庭。从此，微波炉逐渐走入了千家万户。由于用微波烹饪食物又方便又快捷，不仅富有特色，而且味道鲜美，因此有人把它称之为"妇女的解放者"。

微波炉的产生不但改变了人们的烹饪习惯，经微波炉烹调的食物也不会破坏食物本身包含的营养元素，使人类在营养成分上的摄入更加优化。

知识链接

微波炉的清洗

当微波炉工作时，炉门四周有雾、水滴等，这都属于正常现象，用软布及时擦干即可。微波炉的门封要经常保持洁净，并要定期检查门栓的光洁情况，别让杂质存积其中，不然日后难以彻底清洗干净。

对于玻璃转盘和轴环的清洗，要长期保持，可以用肥皂水来清洗，然后用水冲净擦干。若玻璃转盘和轴环是热的，就需要等待冷却后再行处理。转盘和轴环清洗完毕后，切记要按原样复位。

相机不用时，应把它保存在防潮的地方。切忌置放在衣橱或书柜中，因为衣服及书籍都是吸湿性很强的东西。如果有照相机的皮套子，要和照相机分开保存，因为皮革的吸湿性也很强。

照相机——影像的记录者
ZHAOXIANGJI—YINGXIANGDEJILUZHE

🔊 小孔成像的原理

2000多年前，韩非子在他的著作中记载了这样一个故事：有一个人请一位画匠为他画一幅画。三年之后，画匠完成了"作品"。他一看，这是什么画呀，只是一块大木块。他正要发脾气，画匠慢条斯理地说道："请你修一座不透光的房子，在房子一侧的墙上开一扇大窗户，然后把木板嵌在窗上。太阳一出来，你就可以在对面的墙上看到一幅美妙的图画了。"

这个人听画匠说得那么有板有眼，只好半信半疑地照画匠说的去做。果然，房子盖好，并照画匠说的那样安上木板后，在房子的墙上出现各式各样的景致。不过所有图像都是倒着的。

当然，那个时候的人可能不明白，现在的我们应该是非常清楚了，这确实是有

19世纪的照相机

科学道理的。房子外的景象可以通过小孔反映在对面的墙上。这在物理学上叫"小孔成像"。

🔊 照相机的发明史

16世纪初，意大利画家根据"小孔成像"的原理，发明了一种"摄影暗箱"。著名画家达·芬奇在笔记中也对它做了记载。他写道：光线通过一座暗室壁上的小孔，在对面的墙上形成一个倒立的像。当然，它只会投影，要用笔把投影的像描绘下来。

接着，又有人对"摄影暗箱"进行了改进。比如：增加一块凹透镜，使倒立着的像变成了正立像，看起来舒适多了，增加一块呈45度角的平面镜，使画面更清晰逼真……

但是，这时候的"摄影暗箱"只能成像，却不能将图像记录下来。

18世纪中期，人们发现了感光材料，特别是达盖尔发现的感光材料碘化银。于是，在"摄影暗箱"上装上银版感光片，图像就被记录下来了。从此，也就诞生了人类历史上第一架真正的照相机。

照相机开始的时候体积很大。像一个大木箱。20世纪20年代后期，德国的莱兹、罗莱、蔡司等公司研制出了小体积、铝合金机身的单反相机，这时候的照相机的性能逐步提高和完善，光学式取景器、测距器、自拍机等被广泛采用，机械快门的调节范围不断扩大。照相机制造业开始

相机的镜头要用专用的拭纸、布擦拭，或以骆驼毛拂，以免刮伤。要去除镜头上的尘埃时，最好用吹毛刷，不要用纸或布；用嘴吹风时，要小心避免口水沾上镜片。要湿拭镜片时，请用合格清洁剂，不要用酒精之类的强溶剂。

大批量生产照相机，各国照相机制造厂纷纷仿制莱卡、罗莱型照相机。黑白感光胶片的感光度、分辨率和宽容度不断提高，彩色感光片开始推广，越来越多的人成为专业的摄影人员，他们带着相机去旅行，出现在全世界的各个地方，包括风光无限美好的风景区和弹片横飞的战场。匈牙利著名战地记者帕卡曾经说："照相机本身并不能阻止战争，但是它能揭露战争"。他是一个热衷于摄影的人，二战期间，经常背着德国产的莱卡相机辗转于各国战场，即便是死在战场的那一刻，他的最后一个动作仍然是按下相机的快门。

📷 照相机引起的轰动

照相机的诞生，引起了全世界的轰动。尽管当时照相过程繁琐，照一张相就像受一场刑罚一样。但是，许多高官达贵

当代的数码照相机

都还是想尝试一下，纷纷要求拍摄自己的肖像照。

照相机的问世，给一些人带来了意想不到的冲击。巴黎一批靠画肖像画为生的画家，联名上书法国政府，要求取缔照相术。然而，新生事物的成长是任何力量都抵挡不住的。不久，随着感光技术的发展，曝光所需的时间大大缩短，照相机显得更为实用了。

1858年，英国的斯开夫发明了一种手枪式胶版照相机。由于其镜头的有效光圈较大，因此只要扣动扳机，就能拍摄。有趣的是，一次，维多利亚女王在宫廷内召开盛大宴会，邀请各国使节。斯开夫作为新闻记者也应邀出席了宴会。当斯开夫用他的照相机对准女王拍照时，被蜂拥而上的警卫人员扑倒，一时会场秩序大乱。事后，警卫人员才弄懂，那"凶器"原来是照相机。

照相机的发明不但使一种艺术形式的产生，还诞生了一种记录历史的方式——图片历史。自从达盖尔发明了银版照相机，人们有幸目睹那些在照片上定格的重大历史事件，以及动人的一瞬间。

空调器在制冷过程中伴有除湿的作用。人们感觉舒适的环境相对湿度应在40~60%左右，当相对湿度过大约在90%以上时，即使温度在舒适范围内，人的感觉仍然不佳。

空调——让房间远离严寒和酷暑
KONGTIAO—RANGFANGJIANYUANLIYANHANHEKUSHU

为机器服务的空调

现在空调在我们的日常生活当中，已经是一种不可缺少的电器。但是空调在刚发明出来的时候，并不是为人们带来舒适生活环境的，而是为机器服务，并且时间长达20年之久。

1901年，英国发明家、制冷之父威利斯·哈维兰德·卡里尔毕业于康奈尔大学。一年后，也就是1902年，他加入了当时有名的"水牛公司"，也就是在此工作期间，他发明了冷气机。

在那时，水牛公司的其中一个客户——纽约市沙克特威廉印刷厂，它的印刷机由于空气的温度及湿度变化，使纸张扩张及收缩不定，油墨对位不准，无法生产清晰的彩色印刷品。于是，它就求助于水牛公司。卡里尔心想：既然可以利用空气通过充满蒸气的线圈来保暖，为什么不利用空气经过充满冷水的线圈来降温？空气中的水会凝结于线圈上，这样一来，工厂里的空气将会既凉爽又干燥。

说干就干，卡里尔经过不断试验，最终，他设计并安装了第一部空调系统，工

窗式空调室外部分

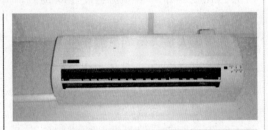
空调室内部分控制面板和进出风口

厂里的温度果然一点一点地降了下来。也是从这个时候起，空调的时代就由这印刷厂首次使用冷气机而开始。

很快，其他的行业，如纺织业、化工业、制药业、食品甚至军火业等，都因为使用了空调而使产品质量大大地提高。1907年，第一台出口的空调，买家是日本的一家丝绸厂。1915年，卡里尔成立了一家公司，至今它仍是世界最大的空调公司之一。

为人类服务的空调

1881年7月，美国总统加菲尔德在华盛顿车站遇刺受重伤，时值盛夏，闷热难耐，病床上的总统生命垂危。医生提出，只有降低室温才能为总统实施手术，挽救他的生命。美国政府便把研制室内降温设备的任务交给了工程师谢多。谢多曾在矿山工作过，接触过当时应用还不广泛的制冷设备，了解空气压缩制冷的原理。于是，他采用工业制冷用的空气压缩机，成功地使总统病房的温度从37摄氏度降到了25摄氏度。所以，到现在，大多数的人都认为，谢多是世界上第一台空调器的发明者。

当时，底特律著名的哈德逊百货公司定期在地下室举行甩卖会，但是，因空气闷热而频频出现有人晕倒的现象。1924年，这家公司安装了三台空调。此举大获成功，空调从此成了商家吸引顾客的利器。

20世纪20年代的娱乐业一到夏天就一片萧条，因为没人乐意花钱买热罪受。1925年的一天，开利与纽约里瓦利大剧院联手发动了一轮密集的空调广告轰炸，打出了保证顾客"情感与感官双重享受"的口号。那一天，里瓦利大剧院外人山人海，几乎人人都带着把纸扇以防万一，然而跨入剧院大门的一刹那间，清凉彻底征服了观众。空调自此进入了迅猛发展的阶段。

空调的工作原理

空调一般分为单冷空调和冷暖两用空调两种，其工作原理是一样的，空调一

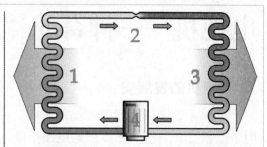

冷冻循环示意图：1）凝结盘管，2）扩张阀，3）蒸发盘管，4）压缩机。

般使用的制冷剂是氟利昂。氟利昂的特性是：由气态变为液态时，释放大量的热量。而由液态转变为气态时，会吸收大量的热量。空调就是据此原理而设计的。

当压缩机将气态的制冷剂压缩为高温高压的汽态制冷剂，然后送到冷凝器（室外机）散热后成为常温高压的液态制冷剂，所以室外机吹出来的是热风。

然后通过毛细管，进入蒸发器（室内机），由于制冷剂从毛细管到达蒸发器后空间突然增大，压力减小，液态的制冷剂就会汽化，变成气态低温的制冷剂，从而吸收大量的热量，蒸发器就会变冷，室内机的风扇将室内的空气从蒸发器中吹过，所以室内机吹出来的就是冷风；空气中的水蒸气遇到冷的蒸发器后就会凝结成水滴，顺着水管流出去，这就是空调会出水的原因。

空调制热的时候有一个叫四通阀的部件，使制冷剂在冷凝器与蒸发器的流动方向与制冷时相反，所以制热的时候室外吹的是冷风，室内机吹的是热风。

其实就是用的初中物理里学到的液化（由气体变为液态）时要排出热量和汽化（由液体变为气体）时要吸收热量的原理。

电视机——神奇的"魔盒"
DIANSHIJI—SHENQIDEMOHE

🔰 电视机的发展史

1906年，美国科学家德福雷斯特发明了三极管，它可以把微弱的电流予以放大。

1912年，德国科学家耶斯塔和盖特发明了新型光电管，它的性能比光电池要高上几倍，可以根据光的强弱，转换成不同强度的电流。这些发明的出现为电视机的研制提供了极为重要的条件。正是在这种条件下，英国科学家约翰·洛吉·贝尔德在发明电视机上迈出了可喜的一步。

1925年伦敦一家大公司请贝尔德在一个大商店里先后3次演示他的发明，虽然电视图像不太清楚，但却为兴致勃勃的人们留下了深刻的印象。

电视的发明者英国发明家约翰·洛吉·贝尔德（1888～1946），图为贝尔德和他发明的电视。

知识链接

3D立体电视

3D立体电视，其原理是利用眼睛的视觉特性来产生立体感。由于左、右眼位置的差异，因而映入眼中的景象也略有差异，这种差异即为产生立体感的原因所在。3D影像的原理与此相同，是通过带有与左右两眼效果相同的特殊摄影机所拍摄的影像构成。

1926年，在英国伦敦皇家学会，贝尔德向与会的40位科学家再次表演了他的发明。贝尔德在一间小屋子中放送电视，观众集中在另一间屋内观看，当一个只有自行车车灯那么大的屏幕上清晰地出现了一个抽烟者抽烟和说话的图像时，观众沸腾了。这一次的表演被科技界公认为是电视第一次公开播放的日子。

🔰 电视机的飞速发展

1929年，英国广播公司首次播送电视节目。1930年，人们给电视配上了音响效果。

1943年，第二次世界大战还在进行之中时，美国无线电公司研制出了灵敏度和清晰度更高的显像管和摄像管。

1946年，美国第一次有了崭新的全电子扫描电视，从而结束了机械扫描电视的历史。

1953年，彩色电视正式问世，直到现在，彩电已成为一种普遍的家用电器。

20世纪60年代，美国人乔治·海尔迈耶最先将液晶应用到显示器领域。

太阳能发电是一种新兴的可再生能源。太阳内部高温核聚变反应所释放的辐射能，其中约二十亿分之一到达地球大气层，是地球上光和热的源能。

太阳能技术——人类的福音
TAIYANGNENGJISHU—RENLEIDEFUYIN

⚡ 太阳能

太阳能一般指太阳光的辐射能量，人类所需能量的绝大部分都直接或间接地来自太阳。煤炭、石油、天然气等化石燃料也是由古代埋在地下的动植物经过漫长的地质年代形成的，它们实质上是由古代生物固定下来的太阳能。

⚡ 太阳能的利用形式

太阳能的主要利用形式有太阳能的光电转换、光热转换以及光化学转换三种主要方式。

光电转换。光伏板组件是一种暴露在阳光下便会产生直流电的光电转化装置，由几乎全部以半导体材料制成的薄身固体光伏电池组成。由于没有活动的部分，故可以长时间操作而不会导致任何损耗。简单的光伏电池可为手表和计算机提供能源，较复杂的光伏系统可为房屋照明，并给电网供电。光伏板组件可以制成不同的形状，并且组件可连接，能产生更多电力。近年，天台及建筑物表面均会使用光

太阳能是总体上最可利用的再生能源

伏板组件，甚至被用作窗户、天窗或遮蔽装置的一部分，这些光伏设施通常被称为附设于建筑物的光伏系统。此外，对于光电转换的利用，目前已有太阳能汽车、太阳能电池等。

光热转换。太阳能清洁环保，无任何污染，利用价值高，没有能源短缺。它的种种优点决定了其在能源更替中不可取代的地位。现代的太阳热能科技将阳光聚合，并运用其能量产生热水、蒸气和电力，如利用太阳能研发的太阳灶、太阳能烤箱、太阳灶反光膜、太阳能开水器等系列产品。除了运用适当的科技来收集太阳能外，建筑物亦可利用太阳的光和热能，方法是在设计时加入合适的装备。

光化学转换。植物利用太阳光进行光合作用，合成有机物。因此，可以人为模拟植物光合作用，大量合成人类需要的有机物，提高太阳能利用效率。

知识链接

太阳能的前景

现在，太阳能的利用还不是很普及，利用太阳能发电还存在成本高、转换效率低的问题，但是太阳能电池在为人造卫星提供能源方面得到了应用。随着科技的发展，人类必将更好的利用太阳能，使人类社会进入一个节约能源减少污染的时代。

编制或者在计算机程序中插入的破坏计算机功能或者破坏数据，影响计算机使用并且能够自我复制的一组计算机指令或者程序代码，被称为计算机病毒。

计算机病毒——世界公敌
JISUANJIBINGDU—SHIJIEGONGDI

⟩ 病毒的危害

计算机病毒会造成计算机资源的损失和破坏，不但会造成资源和财富的巨大浪费，而且有可能造成社会性的灾难，随着信息化社会的发展，计算机病毒的威胁日益严重，反病毒的任务也更加艰巨了。

1988年11月2日，美国康奈尔大学的计算机科学系研究生，23岁的莫里斯将其编写的蠕虫程序输入计算机网络，致使这个拥有数万台计算机的网络被堵塞。

这件事就像是计算机界的一次大地震，引起了巨大反响，震惊全世界，引起了人们对计算机病毒的恐慌，也使更多的计算机专家重视和致力于计算机病毒研究。

1988年下半年，中国在统计局系统首次发现了"小球"病毒，它对统计系统影响极大。此后由计算机病毒发作而引起的

2006年熊猫烧香病毒

"病毒事件"接连不断，如CIH、美丽莎等病毒更是给社会造成了很大损失。

⟩ 病毒的预防

提高系统的安全性是防病毒的一个重要方面，但完美的系统是不存在的，过于强调提高系统的安全性将使系统多数时间用于病毒检查，系统失去了可用性、实用性和易用性。

另一方面，信息保密的要求让人们在泄密和抓住病毒之间无法选择。加强内部网络管理人员以及使用人员的安全意识，很多计算机系统常用口令来控制对系统资源的访问，这是防病毒进程中，最容易和最经济的方法之一。

计算机

计算机病毒具有很强的隐蔽性，有的可以通过病毒软件检查出来，有的根本就查不出来，有的时隐时现、变化无常，这类病毒处理起来通常很困难。

🦠 病毒特点——潜伏性

有些病毒像定时炸弹一样，让它什么时间发作是预先设计好的。比如黑色星期五病毒，不到预定时间一点都觉察不出来，等到条件具备的时候一下子就爆炸开

罗伯特·泰潘·莫里斯，美国人，是第一个在互联网散布电脑病毒的作者，被誉为"病毒之母"。

来，对系统进行破坏。

一个编制精巧的计算机病毒程序，进入系统之后一般不会马上发作，因此病毒可以静静地躲在磁盘或磁带里呆上几天，甚至几年，一旦时机成熟，得到运行机会，就会四处繁殖、扩散，继续危害。

计算机病毒的内部往往有一种触发机制，不满足触发条件时，计算机病毒除了传染外不做什么破坏。

触发条件一旦得到满足，有的在屏幕上显示信息、图形或特殊标识，有的则执行破坏系统的操作，如格式化磁盘、删除磁盘文件、对数据文件做加密、封锁键盘以及使系统锁死等。

牙刷——口腔卫士
YASHUA—KOUQIANGWEISHI

牙刷的发展史

人类祖先早有漱口、刷牙的习惯，在公元前3000年苏美尔人乌尔城邦的国王墓穴中就曾发现过清理口腔用的最早工具——牙棒，一支能用上两个星期。在古希腊和罗马时代，人们用动物骨灰做牙粉，清理口腔，现在还有些原始部落用木炭、盐水、细砂、树枝来清理牙齿。

中国人在2000多年前就懂得保护牙齿的重要。古人清理口腔和牙齿用手指和柳枝。敦煌壁画《劳度叉斗圣图》中，画有一和尚，蹲在地上，左手持漱口水瓶，用右手中指揩前齿。在唐代，人们用柳枝做成刷，蘸药水揩齿。宋代，有人主张每日早晚用柳枝揩牙两次，元代正式有"牙刷"一词。

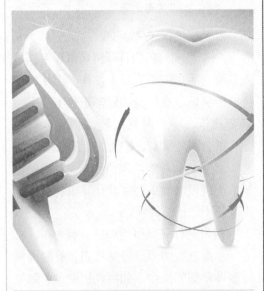

使用含氟牙膏刷牙时量一定要小，防止氟中毒。

知识链接

牙刷使用原则

牙刷是我们日常生活中离不开的口腔卫生工具，但并不是每个人都了解牙刷的养护，有的人牙刷用了几年也不换，有的人刷牙后将牙刷放在密闭的牙刷盒里，甚至还有两三人共用一把牙刷，这些使用牙刷的方法不但不能清洗口腔，反而成为口腔细菌的来源。正确的牙刷养护方法如下：

刷牙使用后要用清水彻底洗涤，不但要洗去牙刷上残留的牙膏和食物碎屑，还要尽量甩干牙刷上的水分，将牙刷头向上放入漱口杯中，置于干燥通风处。因为潮湿的牙刷容易孳生细菌。

牙刷多是由尼龙丝制成的，受热容易变形，因此不能在高温水中洗涤，更不能用煮沸法消毒。一把牙刷不能长期使用，一般是每季度更换一次，或发现牙刷毛卷曲分叉时就应及时更换，以免刷毛刺伤牙龈。

要坚持一人一把牙刷的原则，以免引起传染病的交叉传播。

牙刷在欧洲

在欧洲，牙刷是由英国皮匠威廉·艾利斯于1780年在伦敦首先发明的。威廉·艾利斯因犯煽动骚乱罪而被伦敦当局逮捕，所以世界上的第一把牙刷是在监狱里诞生的。离开监狱后，艾利斯办起了自己的牙刷厂。他获得了很大的成功，因为人们都愿意用牙刷来代替原先的小布片。

第三部分
PART THREE

中国历史上的发明家

ZHONGGUOLISHISHANGDEFAMINGJIA

中华五千年的历史文化中，出现了很多影响深远的发明家，如发明火药的道家、发明纸的蔡伦、发明活字印刷书的毕昇……

除了我们现在能够知道名字的发明，其实还有很多，像是鼓、绳索、风筝、米酒、算盘等等很多直到我们现在都在应用的一些东西。

本章就将向大家讲述一些比较有代表意义的发明家，让大家畅游在历史发明的海洋之中。

鲁班：姓公输，名盘。鲁国公族之后。又称公输子、公输盘、班输、鲁般。因为鲁国人，"般"和"班"同音，古时通用，故人们常称他为鲁班。

鲁班——木匠"祖师爷"
LUBAN—MUJIANGZUSHIYE

鲁班人物介绍

鲁班大约生于周敬王十三年（公元前507年），卒于周贞定王二十五年（公元前444年）。生活在春秋末期到战国初期，出身于世代工匠的家庭，从小就跟随家里人参加过许多土木建筑工程劳动，逐渐掌握了土木工作的技能，积累了丰富的实践经验。

鲁班是我国古代一位出色的发明家，2000多年以来，他的名字和有关他的故事，一直在广大人民群众中流传。我国的土木工匠们都尊称他为祖师。

鲁班师傅诞

每年的农历六月十三日是鲁班师傅诞，木艺工人最重视这个节日，木艺工人昔日十分注重尊师重道精神，他们最尊崇的师傅，就是鲁班先师了。

木艺这一行可说是最古老的行业，木工在建筑业中一直占有很重要的地位。每年祝贺师傅诞，还有一项很特别的传统活动，就是派"师傅饭"，所谓"师傅饭"，其实只是在师傅诞那天，用大铁锅煮的白饭，再加上一些粉丝、虾米、眉豆等。

由于相传吃了师傅饭的小孩子，不仅能象鲁班那么聪明，而且能很快长高长大，健康伶俐。以前，在贺诞这一天，有钱人家会请一班艺人回来唱八音，或者请一台木偶戏来演出，具体视当年的经济情形而定，总之是郑重其事。

《鲁班经》

中国古代的建筑技术，正史很少记载，多是历代匠师以口授和抄本形式薪火相传。由匠师自己编著的专书甚少。宋初木工喻皓曾作《木经》，但早已失传，只有少量片断保存在沈括的《梦溪笔谈》里。唯独明代的《鲁班经》是流传至今的一部民间木工行业的专用书，现有几种版本，具有重要的史料价值。

《鲁班经》的前身，是宁波天一阁所藏的明中叶（约当成化、弘治间，1465～1505）的《鲁班营造法式》，现已残缺不全。它的特点是在内容上只限于建筑，如一般房舍、楼阁、钟楼、宝塔、畜厩等，不包括家具、农具等。编排顺序比较合乎逻辑，先论述测定水平垂直的工具，一般是房舍的地盘样及剖面梁架，然后是特种类型建筑和建筑细部，如驼峰、

《鲁班经》书影

传说鲁班为楚国水军发明了"钩"和"拒"，当敌军处于劣势时，"钩"能钩住敌军的船，不让它逃跑；当敌军处于优势时，"拒"能抵挡敌军的船只，不让它追击。楚军有了钩、拒后，无往不胜，鲁班也无愧为军工专家。

垂鱼等。另外，插图较多，与文字部分互为补充，且保存了许多宋元时期的手法。天一阁本之后100多年的万历本，改名为《鲁班经匠家镜》。内容和编排有较大的改动，但缺前面21页篇幅。稍晚，根据万历本翻刻的明末（崇祯）本，首尾完整，可以看到本书全貌。之后的翻刻本，都是从万历本或崇祯本衍出。

刨子传说是鲁班发明的

《鲁班经》的主要流布范围，大致在安徽、江苏、浙江、福建、广东一带。现存的《鲁班营造正式》和各种《鲁班经》的版本，多为这一地区刊印。这一地区的明清民间木构建筑以及木装修、家具，保存了许多与《鲁班经》的记载吻合或相近的实物，证明它流传范围广泛，在工程实践中起到了规范作用。

知识链接

鲁班尺

鲁班尺在现实中，是工匠们首选的使用工具，它具有画方、画圆、画直线的功用。它即实用又方便，至今也是建筑工匠们爱不释手的工具。

其次，鲁班尺被后人按照易经中的八卦，引申成了鲁班尺上的八个字，也包含了人生的祸福人生，相依相存，互为补充。这和其作为一种工匠日常的工具大不相同，所以说，真正的鲁班尺的应用，也只要限于工头级以上人物来使用，特别是当时，懂文字的工匠少之又少，更别说使用了。

❯ 鲁班尺

鲁班尺（直尺）是从曲尺演变而来的，便于携带，其实际的功用也在淡化。鲁班尺更多地是被赋予了深不可测的神力，用于丈量门、窗的尺寸。

门是一座建筑物的脸面，与建筑物的大小，和建筑物主人的地位密切相连。在中国古代的建筑用书中，《阳宅十书》云："夫人生于大地，此身全在气中，所谓分明人在气中游若是也，惟是居房屋中气，因隔别所通气，只此门户耳，门户通气之处，和气则致祥，乖气至此则致唉，乃造化一定之理，故古之先贤制造门尺，立定吉方，慎选月日，以门之所关最大故耳。"所以古人对门的尺寸非常重视，于是假借于鲁班尺，并进一步神化了鲁班尺。"故先贤制造门尺"，这就是"鲁班尺"。《阳宅十书》说：海内相传门尺数种，屡经验试，惟此尺为真，长短协度，凶吉无差。盖昔公输子班，造极木作之圣，研究造化之微，故创是尺。后人名为"鲁班尺"。

嫘祖——"先蚕娘娘"

LEIZU—XIANCANNIANGNIANG

➤ "先蚕娘娘"的传说

黄帝战胜蚩尤后，建立了部落联盟，黄帝被推选为部落联盟首领。他带领大家发展生产，种五谷，驯养动物，冶炼铜铁，制造生产工具。而做衣冠的事，就交给正妃嫘祖了。不长时间，各部落的大小首领都穿上了衣服和鞋，戴上了帽子。

嫘祖因为劳累过度而病倒了。周围的男男女女，人人焦急万分。

有一天，有几个女人悄悄商量，决定上山摘些野果回来给嫘祖吃。到了山上之后，在一片桑树林里发现满树结着白色的小果。她们以为找到了鲜果，就忙着去摘。等各人把筐子摘满后，天已渐渐黑了。她们匆匆忙忙下山。回来后，这些女子尝了尝白色小果，没有什么味道；又用牙咬了咬，怎么也咬不烂。后来，她们把白色的小果都倒进锅里，加上水用火煮起来。煮了好长时间，捞出一个用嘴一咬，还是咬不烂。她们又用木棒搅动这些小果

吃桑叶吐丝的蚕宝宝

子，结果发现木棒上缠着很多像头发丝一样细的白线。这些丝线看上去晶莹夺目，柔软异常。她们把这个稀奇事立即告诉嫘祖。嫘祖是个急性子，不听则罢，一听马上就要去看。这些女子为了不让她走动，便把缠在棒上的细线拿到她身边。嫘祖是个非常聪明的女人，她详细看了缠在木棒上的细丝线，又询问了白色小果是从什么山上、什么树上摘的。然后她高兴地对周围女子说："这不是果子，不能吃，但却有大用处。你们为黄帝立下一大功。"

说也怪，嫘祖自从看了这白色丝线后，天天都提起这件事，不久，她的病都全好了。她亲自带领妇女上山要看个究竟，嫘祖在桑树林里观察了好几天，才弄清这种白色小果，是一种虫子口吐细丝绕

蚕 茧

织而成的，并非树上的果子。她回来就把此事报告黄帝，并要求黄帝下令保护山上所有的桑树林。黄帝同意了。

从此，在嫘祖的倡导下，开始了栽桑养蚕的历史。后世人为了纪念嫘祖这一功绩，就将她尊称为"先蚕娘娘"。

母仪天下的典范

嫘祖是开创上古文明的科学发明家。她辅弼黄帝，联盟炎帝榆网，东进中原，战败蚩尤，统一万邦，是奠定华夏立国基础的政治家。

嫘祖生有两个孩子，她和轩辕决定，把长子青阳降居江水（岷江），次子昌意降居若水（雅砻江），接受艰苦环境磨练。让能担当大任的孙子颛顼继承黄帝位。这表明嫘祖是识大体、不循私、大爱无私的贤妻圣母。而且她恩威并用，以攻心为上，多次平定境内小部落叛乱。她是提倡婚娶相媒，缔结对偶婚姻，进行人伦教化，逐步终止群婚、乱婚、抢婚等落后风俗的社会革新家。

嫘祖被朝廷祀为"先蚕"，民间祀为蚕神。由于她巡行全国教民蚕桑而逝于道

上，被人们祀为"道神""行神"、"祖神"，即保佑出行平安之神，并演变为旅游者的保护神。国人敬祀嫘祖，由祖先崇拜发展为神灵崇拜，由民族共祖演进为人格神，具有双重身份，她和炎帝、黄帝都是伟大的科学家、发明家、政治家和军事家。

对丝绸业做出的贡献

嫘祖所创的养蚕事业开创了绸缎纺织技术，发展出了独一无二的中国丝绸纺织业。一路领先的印染工艺，五彩缤纷的花色、品种，使丝绸成为装点帝王将相威仪和衬托女性美丽的绝妙物品。张骞通西域后，丝绸也成为中国主要的对外贸易产品。绵延几千公里、活跃了上千年的丝绸之路，是古老的中华和世界交流的主要渠道。世界上所有养蚕的国家，其种蚕和养蚕方法都是直接或间接从中国传去的。因为嫘祖，中国不但是养蚕、缫丝、织绸技术的发明者，这是中国对人类的伟大贡献之一。

元朝王祯著《农书》中记载的嫘祖的故事

宣纸是供毛笔书画用的独特的手工纸，它的质地柔韧、洁白平滑、色泽耐久、吸水力强，在国际上享有"纸寿千年"的声誉。

蔡伦——造纸术发明者
CAILUN—ZAOZHISHUFAMINGZHE

🔸 蔡伦简介

蔡伦字敬仲，东汉桂阳郡人。蔡伦于汉明帝永平末年入宫，当时蔡伦大约在15岁左右，只是担任小黄门（较低品级的太监职位）的职务。汉和帝即位之后，升任中常侍，参与国家机密大事的谋划。蔡伦有真才实学，为官尽忠职守，多次不惜触犯皇帝的威严，进谏指出朝廷施政的得失。

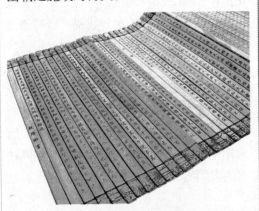

纸张发明之前文人所使用的竹简

他是我国四大发明中造纸术的发明者。作为一名古代宦官，他曾在昂贵的丝绸和竹板上书写过，但是，他发明了造纸术，用树皮、鱼网和竹子压制成纸。造纸术的发明彻底改写了后世中国乃至世界的历史，也使蔡伦屹立于古今中外的杰出人物之列。

🔸 造纸术的发明

据《后汉书·宦者列传》记载，自古以来，书籍文档都是用竹简来做书写

载体的，后来出现了质地轻柔的缣帛，但是用缣帛制纸的费用很高昂，而竹简又笨重，于是蔡伦想进行技术创新，在此期间，他总结西汉以来的造纸经验，改进造纸的工艺，利用树皮、碎布（麻布）、麻头、鱼网等原料精制出优质的纸张，大大降低了造纸的成本，为纸的普及准备了条件。

汉和帝元兴元年（105年），蔡伦把改进造纸术的成果报告给皇帝，皇帝对蔡伦的才能非常赞赏，并把改进过的造纸技术向各地推广，汉安帝元初元年（114年），朝廷封蔡伦为龙亭侯，所以后来人们都把纸称为"蔡侯纸"。到了元初四年（117年），汉安帝选调学者整理文献，并令蔡伦监管负责。

蔡伦献纸之后，造纸技术和纸张广为流传。东汉末年，东莱人左伯也是一位造纸能手。他造的纸，比蔡侯纸更为白洁细腻。赵歧著的《三辅决录》中，

◁◁◁ 知识链接 ▷▷▷

宣 纸

宣纸起于唐代，历代相沿。宣纸的原产地是安徽省的泾县。此外，泾县附近的宣城、太平（今黄山市黄山区）等地也生产这种纸。到宋代时期，徽州、池州、宣城等地的造纸业逐渐转移集中于泾县。当时泾县为宁国府管辖，宁国府治在今宣城，宣城为宣纸集散地，所以这里生产的纸被称为"宣纸"，亦有人称泾县纸。由于宣纸有易于保存，经久不脆，不会褪色等特点，故有"纸寿千年"之誉

人类还没有发明纸之前，记录事情主要依靠结绳的方式，通过大大小小的绳结来记录发生的事情，上古时期的中国及秘鲁印地安人皆有此习惯，既使到近代，一些没有文字的民族，仍然采用结绳记事来传播信息。

中国古代四大发明家之一蔡伦

提到左伯的纸、张艺的笔、韦诞的墨，说它们都是名贵的书写工具。笔、墨和纸并列，说明纸已是当时常用的书写材料。纸成为竹简、木牍、缣帛的有力竞争者，到了三、四世纪就基本上取代了简帛，成为唯一的书写材料，这就有力地促进了科学文化的发展。

● 蔡伦的贡献

蔡伦一生在内廷为官，先后侍奉4个幼帝，投靠两个皇后，节节上升，身居列侯，位尊九卿。经过蔡伦改造的造纸术得到了极为广泛的推广，对人类文明的进步产生了重大影响。被称为东汉时期的科学家。因而留名后世，得到史学家的首肯。在1978年出版的，由美国应用物理学家麦可·哈特所著的《影响人类历史进程的100名人排行榜》中，蔡伦位列第七。

● 悲惨的结局

蔡伦在任小黄门时，由于掌权的窦太后授意，曾参与诬陷汉安帝的祖母宋贵人及其子太子刘庆（汉安帝之父），导致刘庆被废为清河王，宋贵人及其妹妹服毒自杀。之后蔡伦又成为窦太后媳妇邓太后的得力助手。后邓太后驾崩，汉安帝得以亲政，于是蔡伦被命令到廷尉那里去自首。蔡伦为了避免受辱，在洗浴全身并换上整洁的衣冠后服毒自杀。蔡伦死后，葬于自己的封地龙亭（位于现在的陕西洋县）。

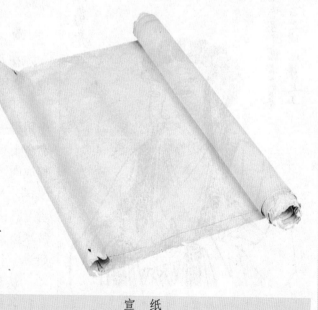

宣　纸

诸葛亮，字孔明，号卧龙（也作伏龙），琅琊阳都（今山东临沂市沂南县）人，三国时期蜀汉丞相，杰出的政治家、军事家、发明家、文学家。

诸葛亮——全能的智者
ZHUGELIANG—QUANNENGDEZHIZHE

◉ 八阵图

八阵图作为一个阵法，是诸葛亮出山后自己所创造的兵阵，他称之为"八卦兵阵"。

当时因为蜀国多为山地，军队以习于在山林作战的步兵为主，一旦北上中原，便很难与魏国的骑兵抗衡。诸葛亮为了提高蜀军整体的战斗力，于是将古代的八阵加以变化，成了后世所传颂的八阵图。八阵图纵横各八行，用辎车作为主要掩体，以鼓声和旗帜等指挥军队，士兵排列为八卦形、八门入、八门出。此阵不易破解，善于迷惑敌人，且可以变化许多阵法。诸葛亮后来又多次改造此阵，并由兵阵演化为石阵、马阵。

当时此阵威名远扬，只要阵势一摆出，就算对方兵强马壮，也很容易迷失在阵中，很难取得胜利，所以，八阵图也成为了让敌人闻风丧胆的一个名词。

◉ 诸葛弩

诸葛弩又称为诸葛连弩，是一种可以连续发射的弓箭，在当时是很厉害的武器，是诸葛亮根据旧有的技术改制而成。

这种连弩有两个基本数据，一是能连发十矢，二是矢长只有八寸。中国人用弓箭是世界上最早的，欧洲人刚用弓箭的时候，中国人已经用了近千年了。诸葛连弩在当时十分先进，是世界上最早的半自动武器。

◉ 馒头

诸葛亮在平定孟获班师的途中发现当地人要用人头来祭奠死去的冤魂。

于是，诸葛亮苦思冥想，终于想出一个用另一种物品替代人头的绝妙办法。他命令士兵杀牛宰羊，将牛羊肉斩成肉酱，拌成肉馅，在外面包上面粉，并做成人头模样，入笼屉蒸熟。这种祭品被称作"馒首"。诸葛亮将这肉与面粉做的馒首拿到泸水边，亲自摆在供桌上，拜祭一番，然后一个个丢进泸水。

从此以后，人们经常用馒首作供品进行各种祭祀。由于"首"、"头"同

神机妙算的诸葛亮

义，后来就把"馒首"称作"馒头"。馒头作了供品祭祀后可以被食用，人们从中得到启示，渐渐的开始以馒头为食品。如今，馒头遍布中国各地，还传到世界各地，至于其中包含着的诸葛亮的爱民精神，知道的人也许就不多了。

孔明灯的由来

孔明灯又叫天灯，相传也是

位于成都的武侯祠

由诸葛孔明（即诸葛亮）发明的。当年，诸葛孔明由于被司马懿围困于平阳，而无法派兵出城求救。于是他算准风向，制成会飘浮的纸灯笼，系上求救的讯息，其后果然脱险，于是后世就称这种灯笼为孔明灯。另一种说法则是这种灯笼的外形像诸葛孔明戴的帽子，因而得此名。

孔明灯成为中国传统文化的象征，有的过节举行仪式，放孔明灯祈福，甚至还可以作为广告宣传。不过孔明灯可能会引起山火、引发飞机失事、交通意外等。而且孔明灯存在严重的火灾隐患。由于风速等不可控制因素的影响，孔明灯如果掉到山林中，可能引发森林火灾；掉到液化气站、加油站等火情严管地带，极有可能引发重大事故。除存在火灾隐患，孔明灯飞行在半空中还有可能挂到高压线上，极有可能导致电线短路。为了保护古迹，北京什刹海附近已经贴上了"保护古建筑，勿放孔明灯"的中英文警示标语牌，消防部门还派人劝阻人们燃放孔明灯。

马钧，字德衡，三国曹魏时扶风（今陕西兴平东南）人，曾任魏国博士。他非常喜欢研究机械，刻苦钻研，取得了机械制造方面的杰出成就。

马钧——龙骨水车创造者

MAJUN—LONGGUSHUICHECHUANGZAOZHE

▶ 人物简介

马钧，字德衡，三国时魏国扶风（今陕西兴平）人，是我国古代科技史上最负盛名的机械发明家之一。马钧年幼时家境贫寒，自己又有口吃的毛病，所以不擅言谈却精于巧思，后来在魏国担任给事中的官职。曾研制过指南车，指南车制成后，他又奉诏制木偶百戏，称"水转百戏"。接着马钧又改造了织绫机，提高工效四五倍。马钧还研制了用于农业灌溉的工具龙骨水车（翻车），此后，马钧还改制了诸葛亮的发展和技术，并取得成功。

▶ 马钧发明龙骨水车

马钧是龙骨水车的发明者，龙骨水车是我国古代最先进的排灌工具，也是当时

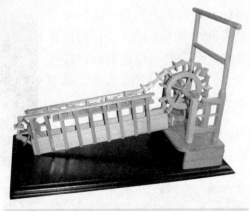

龙骨水车（整体图）

世界上最先进的生产工具之一。

龙骨水车，在当时叫翻车。东汉时期，有个叫毕岚的人做过"翻车"，但是它的用途只是用做道路洒水，跟后来的龙骨水车不同。马钧制造的"翻车"，就是专门用于农业排灌的龙骨水车。它的结构很精巧，可连续不断提水，效率大大提高，而且运转轻快省力，连儿童都可以操作。

由于马钧发明的龙骨水车具有巨大优点，故而一问世就受到普遍欢迎，并迅速推广普及，成为农业生产的主要工具之一，并沿用了1000多年。

通过龙骨水车的发明，我们可以确定马钧是这一时期伟大的机械发明家，他的发明革新对后世产生了深远的影响。后人称颂他"巧思绝世"。但是因为当时的统治集团对机械发明非常不重视，所以他一生都受到权势们的歧视，郁郁不得志。推崇马钧的傅玄这样感慨地说道，马钧，

龙骨水车（局部图）

"天下之名巧也"，可与鲁班、墨子以及张衡相比，但是鲁班和墨子能见用于时，张衡和马钧一生未能发挥特长。

马钧的革新和创造

马钧不但是一个发明家，而且在手工业、农业、军事等诸多方面都有很大贡献。古代旧式织绫机，重新设计了新绫机。三国时的织绫机仍然是"五十综者五十蹑，六十综者六十蹑"，用脚踏动，非常笨拙，生产效率极其低下。马钧设计了新织绫机；简化了踏具（蹑），改造了运动机件。将"五十蹑"，"六十蹑"都改成十二蹑，这样使新绫机操作简易方便，大大提高了生产效率。新织绫机的诞生是马钧最早的贡献，它大大促进了纺织业的发展。

在农业方面，马钧发明了龙骨水车，

指南车

前面已经提到。在军事方面，马钧改进了连弩和发石车。当时，诸葛亮改进的连弩一次可发数十箭，威力已很大。马钧在此基础上进行了再改进，威力又增加了五倍以上。马钧还在原来发石车的基础上，设计出了新式的攻城器械——轮转式发石车。它利用一个木轮，把石头挂在上面，通过轮子转动，连续不断地将石头发射出去，威力相当大。

马钧还制成了失传已久的指南车。指南车是一种辨别方向的工具。远古传说中，黄帝大战蚩尤之时，在雾气中迷失方向，于是制造指南车，辨明方向，打败了蚩尤。东汉时张衡制造过指南车，可惜失传了。

马钧想把指南车重造出来，遭到了许多人的嘲笑和诘问。马钧苦心钻研，反复试验，终于运用差动齿轮的构造原理，制造出了指南车。

马钧研究传动机械，发明了变化多端的"水转百戏"。他用木头制成原动轮，用水力来推动，使上层陈设的木人都动起来。木人能做各种动作，十分巧妙。

知识链接

轮转式发石车

马钧在原来作战用的发石车的基础上，重新设计出了一种新式的攻城武器——轮转式发石车。原来的发石车，象个大天平，一头挂着一个斗，斗里装满大小石头，另一头挂着许多根绳子，作战时，士兵们一齐用力拉绳子这头，装石头那头就飞快地翘起来，这样，石头就被抛出去打击敌人。这种发石车缺点很多，每发射一次，都要花费一些时间，使敌人有了防御的时间，导致战果不佳。马钧设计的新式轮转式发石车，则克服了这些缺点。它是利用一个木轮子，把石头挂在木轮上，这样，装上机械带动轮子飞快地转动，就可以把大石头接连不断地发射出去，使敌方来不及防御。

毕昇——活字印刷术
BISHENG—HUOZIYINSHUASHU

🔸 人物简介

毕昇是中国有名的发明家，他发明的活字印刷术被列入中国四大发明之中。他是北宋淮南路蕲州蕲水县直河乡（今湖北省英山县草盘地镇五桂墩村）人，也有人说他是浙江杭州人。毕昇最初的时候是印刷铺的一名普通工人，专事手工印刷。后来，毕升发明了胶泥活字印刷术，被认为是世界上最早的活字印刷技术。宋朝的沈括所著的《梦溪笔谈》记载了毕升的活字印刷术。

🔸 毕昇与活字印刷术

人们想要使用活字印刷的这种思想，其实很早就有了。秦始皇一全国度量衡器，在陶量器上用木戳印了四十个字的诏书，这是活字印刷最早的一种使用。但是这虽然是中国活字排印的开始，但是却未能广泛应用。中国古代的印章对活字印刷也有一定的启示作用。关于活字印刷的记载最早见于宋代著名科学家沈括的《梦溪笔谈》。

毕昇自己研制出用胶泥制字，一个字为一个印，用火烧硬，使之成为陶质。排版时先预备一块铁板，铁板上放松香、蜡、纸灰等的混合物，铁板四周围着一个铁框，在铁框内摆满要印的字印，摆满就是一版。然后用火烘烤，将混合物熔化，与活字块结为一体，趁热用平板在活字上压一下，使字面平整；便可进行印刷。

活字印刷版

用这种方法印二、三本虽然谈不上什么效率，可是如果印数多了，几十本以至上千本，效率就很高了。

为了提高效率，毕昇常用两块铁板，一块印刷，一块排字。印完一块，另一块又排好了，这样交替使用，效率很高。

常用的字如"之"、"也"等字，每字制成20多个字，以备一版内有重复时使用。没有准备的生僻字，则临时刻出，用草木火马上烧成。从印板上拆下来的字，都放入同一字的小木格内，外面贴上按韵分类的标签，以备检索。毕昇起初用木料作活字，实验发现木纹疏密不一，遇水后易膨胀变形，与粘药固结后不易取下，才改用胶泥。

毕昇发明活字印刷之后，大大提高了印刷的效率。但是，他的发明在当时并未受到统治者和社会的重视，直到他死后，活字印刷术仍然没有得到推广。他创造的胶泥活字也没有保留下来。但是他发明的活字印刷技术，却流传了下来。

拓片：古人发现在石碑上盖一张稍湿润的纸，用软槌轻打，使纸陷入碑面文字凹下处，待纸干后再用布包上棉花，蘸上墨汁，在纸上拍打，纸面上就会留下黑地白字跟石碑一模一样的字迹。于是拓印就出现了。

活字印刷的发展

在印刷术发明之前，文化的传播大多都是依靠手抄的书籍。手抄书籍即费时又费事，而且还很容易抄错、抄漏。这样的传播形式不但会阻碍文化的发展，而且还会给文化传播带来很多不应有的损失。

后来人们从印章和石刻得到了经验和启示，发现了将纸在石碑上墨拓的方法，这也就直接为雕版印刷指明了方向。

印刷术最早起源于中国。在大约公元9世纪时，中国的印刷匠就开始尝试在一大块木板上刻出纸币或书本上每一页的文字和图案，做成印版，然后进行印刷。

印染技术对雕版印刷的发展也有很大的启示作用，所谓印染就是指先在木板上刻出花纹图案，然后用染料印在布上。中国的印花板有凸纹板和镂空板两种形式。

而后来通过印章、拓印、印染技术三者相互启发，相互融合，再加上我国人民的工作经验和无穷的智慧，雕版印刷技术

毕昇

就应运而生了。

雕版印刷一版就可以印刷几百部甚至几千部书，这对文化的传播起了很大的作用，但是它的刻板费时费工，而且大部头的书往往都需要花费好几年的时间，存放版片又要占用很大的空间，并且时常会因变形、虫蛀、腐蚀而损坏。

如果印量少而不需要重印的书，版片就会成为废物。此外雕版如果发现了错别字，改起来非常困难，经常需要将整块版重新雕刻。

而后期出现的活字制版正好避免了雕版的不足，只要能够事先准备好足够的单个活字，就可以随时拼版，这样就大大地加快了制版时间。活字版印完后，人们还可以拆版，这样活字就可以重复使用，而且活字比雕版占有的空间小，非常容易存储和保管。这样活字的优越性就表现出来了。

地动仪无法记录发震时刻，更无法记录震级。因此，从现代地震学的角度来看，候风地动仪并不能记录地震，不是地震仪。

张衡——地动仪
ZHANGHENG—DIDONGYI

人物简介

张衡，字平子，东汉南阳西鄂（今河南南阳市石桥镇）人，他是我国东汉时期伟大的天文学家、数学家、发明家、地理学家、制图学家、文学家，在汉朝官至尚书，为我国天文学、机械技术、地震学的发展作出了不可磨灭的贡献。

张衡与地动仪

最早的地动仪即是张衡的传世杰作。张衡身处东汉时代，这一时期的地震比较频繁，张衡对地震有不少的亲身体验。为了让人们能够脱离地震的噩梦，他长年沉浸于地动仪的研究，终于在汉顺帝阳嘉元年（132年）时成功的发明了候风地动仪，这也是世界上第一架地动仪。

候风地动仪

候风地动仪的外表刻有篆文以及山、

候风地动仪复原模型

> **知识链接**
>
> **地动仪的原理**
>
> 地动仪的原理很简单，比如说我们将一颗珠子放在平台上，如果将哪方稍微往下一按，珠子就会向哪方滚动。又如我们点亮一支蜡烛，将它放在一张不平的桌子上，它总会向低的一方倒。地动仪就是根据这些简单的原理设计的。而地动可以传到很远的地方，只不过太远了人就感觉不到了，但地动仪能准确地测到。地动仪就是利用了一根悬挂柱体的惯性来验震的，而非当今历史教科书所说的在仪器底部简单地竖立一根直立杆。

龟、鸟、兽等图形。仪器的内部中央有一根铜质"都柱"，柱旁有八条通道，称为"八道，"还有巧妙的机关。樽体外部周围有八个龙头，按东、南、西、北、东南、东北、西南、西北八个方向布列。

当某个地方发生地震时，樽体随之运动，触动机关，使发生地震方向的龙头张开嘴，吐出铜球，落到铜蟾蜍的嘴里，发生很大的声响。所以人们就可以知道地震发生的方向。

历史实证

公元138年的一天，地动仪正对西方的龙嘴突然张开来，吐出了铜球。按照张衡的设计，这就是报告西部发生了地震。过了几天，有人骑着快马来向朝廷报告，离洛阳一千多里的金城、陇西一带发生了大地震，连山都有崩塌下来的。人们这才信服。

苏颂——天象仪
SUSONG—TIANXIANGYI

◆ 人物简介

苏颂，字子容，宋真宗天禧四年（1020年）诞生于芦山堂，卒于徽宗建中靖国元年五月庚辰（1101年）。仁宗庆历二年（公元1042年）进士。先任地方官，后改任馆阁校勘、集贤校理等职九年，得以博览皇家藏书。宋哲宗即位后，先任刑部尚书，后任吏部尚书，晚年入阁拜相，以制作水运仪象台闻名于世。

苏颂对研制工作是慎之又慎的。他认为，有了书，做了模型还不一定可靠，还必须做实际的天文观测，"差官实验，如候天有准"，才能进一步向前推进，以免浪费国家资财。经过多次的昼夜校验，才开始正式用铜制造新仪。经过三年零四个月的工作，终于制成了水运仪象台。

◆ 水运仪象台工作原理

水运仪象台的构思广泛吸收了以前各种天文仪器的优点，尤其是吸取了北宋初年天文学家张思训所改进的自动报时装置

浑天仪模型

的长处。在机械结构方面，采用了民间使用的水车、筒车、桔槔、凸轮和天平秤杆等机械原理，把观测、演示和报时设备集中起来，组成了一个整体，成为一部自动化的天文台。

◆ 药物学成就

嘉祐初年，苏颂受诏校定与编撰医书，与林亿等人一起编写了《嘉祐补注神农本草》。为了改变本草书中混乱和错讹的状况，他建议各地方应将产药来处标明，并令识别人仔细辨认根、茎、苗、叶、花、实等的形色、大小，辨认虫、鱼、鸟、兽、玉石等需要入药者，并且在书中画图，一一说明植物的花、结果、收采时月及所用功效。从境外采集的药，也要从市场、商客等处了解详细并且要画图保存，让后人用药知所依据。

1956年2月，全国解放后，曲焕章遗孀缪兰英把白药秘方献给了新中国，由昆明制药厂生产，并且将曲氏白药更名为"云南白药"。

曲焕章——云南白药发明人
QUHUANZHANG—YUNNANBAIYAOFAMINGREN

◈ 人物简介

曲焕章（1880～1938）字星阶，原名占恩。民国时期中医外伤科著名医学家。云南江川县人。自幼父母双亡，与三姐相依为命。曲焕章先是在一个布店里当小伙计，后来就跟一个乡村医生学医。曲焕章性格仁慈，待人诚实。

1892年12岁的曲焕章跟姐翁袁恩龄学伤科，后来成为当时江川一带颇有名声的伤科医生。

◈ 云南白药

一次，曲焕章偶然发现一种野草有治愈伤口的作用。后来，曲焕章通过反复研究，不断试验，终于研制成功了以他自己名字命名的"曲焕章白药"，并投入了生产。后来"曲焕章白药"又被改名为"云南白药"。

曲氏白药渐渐闻名遐迩，声誉大振。

云南白药

知识链接

云南白药

云南白药是云南著名的中成药，由云南民间医生曲焕章于1902年研制成功。对跌打损伤、创伤出血有很好的疗效。云南白药由名贵药材制成，具有化瘀止血、活血止痛、解毒消肿之功效。问世百年来，云南白药以其独特、神奇的功效被誉为"中华瑰宝，伤科圣药"，也由此成名于世、蜚声海外。

1916年，曲焕章的白药、虎力散、撑骨散等，经检验合格，允许公开出售。

1917年焕章到通海挂牌行医。白药由纸包改为瓷瓶包装，并且销量聚增，首次销往全国。次年，曲焕章赴昆明开业，在南强街开设伤科诊所。曲焕章凭借高超的医术渐渐成为人们心目中的"妙手"、"神医"，前往求医者，门庭若市。

◈ 云南白药走出国门

1923年以后，云南政局混乱，曲焕章抓紧时机，苦钻药理、药化，合理配方，集中精力总结、验证临床实验结果，终于使白药达到了最理想的疗效，成为"一药化三丹一子"。即：普通百宝丹、重升百宝丹、三升百宝丹、保险子。

于是云南白药的声誉，由国内走向港、澳、新加坡、雅加达、仰光、曼谷、日本等地。

1933年曲焕章当选云南医师公会主席，他团结广大中草药工作者，积极组织医学研究，为中医药事业作出了贡献。

华佗——妙手回春的神医
HUATUO—MIAOSHOUHUICHUNDESHENYI

华佗简介

华佗，东汉末年医学家，字元化，与董奉、张仲景（张机）并称为"建安三神医"。华佗的医书据说现在已经被全部焚毁。但是他的学术思想却并未完全消亡，尤其是华佗在中药研究方面，比如麻沸散这样的著名方剂。

华佗是我国医学史上为数不多的杰出外科医生之一，他善用麻醉、针、灸等方法，并擅长开胸破腹的外科手术。外科手术的方法并非建立在"尊儒"的文化基础上的中医学的主流治法，在儒家的"身体发肤，受之父母"的主张之下，外科手术在中医学当中并没有大规模的发展起来。

麻沸散

利用某些具有麻醉性能的药品作为麻醉剂，在华佗之前就有人使用。不过，他

华 佗

知识链接

五禽戏

华佗在医疗体育方面也有着重要贡献，他创立了著名的五禽戏。所谓"五禽戏"，就是模仿五种动物的形态、动作和神态，来舒展筋骨，畅通经脉。五禽，分别为虎、鹿、熊、猿、鸟，常做五禽戏可以使手足灵活，血脉通畅，还能防病祛病。

他的学生吴普桑用这种方法强身，活到了90岁还是耳聪目明，齿发坚固。五禽戏是一套使全身肌肉和关节都能得到舒展的医疗体操。华佗认为"人体欲得劳动，……血脉流通，病不得生，譬如户枢，终不朽也"。

们或者用于战争，或者用于暗杀，或者用于娱乐，真正用于动手术治病的却没有。

华佗总结了前人的经验，又观察了人醉酒时的沉睡状态，终于发明了酒服麻沸散的麻醉术，并且正式用于医学，从而大大提高了外科手术的技术和疗效，而且扩大了手术治疗的范围。

据现在有关科学家的考证，麻沸散的组成是：曼陀罗花一升，生草乌、全当归、香白芷、川芎各四钱，炒南星一钱。

自从有了麻醉法，华佗的外科手术更加高明，治好的病人也更多。

华佗在当时已能做肿瘤摘除和胃肠缝合一类的外科手术。

侯德榜，1890年8月9日出生于福建省闽侯县坡尾村的农民家庭。自幼半耕半读，勤奋好学，有"挂车攻读"美名。1903～1906年，得姑妈资助在福州英华书院学习。

侯德榜——开创制碱业的新纪元
HOUDEBANG—KAICHUANGZHIJIANYEDEXINJIYUAN

◈ 侯德榜学习生涯

1913年侯德榜以特别优秀的成绩完成预科学业，公费派往美国留学，被保送美国麻省理工学院化工科学习。后来由于学习成绩优异又被接纳为美国科学会会员和美国化学学会的会员。

1921年侯德榜获博士学位，并且在这一年，侯德榜怀着工业救国的远大抱负，毅然放弃自己热爱的制革专业，回到阔别8年的祖国。

◈ 为祖国做出的贡献

为了实现中国人自己制碱的梦想，揭开索尔维法生产的秘密，打破洋人的封

侯德榜雕像

知识链接

人物简介

侯德榜，福建闽侯人，中国化工学家，"侯氏制碱法"的创始人。其一生在化工技术上有三大贡献：第一，揭开了索尔维法的秘密。第二，创立了中国人自己的制碱工艺——侯氏制碱法。第三，为发展小化肥工业所做的贡献。

中华人民共和国成立后，侯德榜历任第一、二、三、四届全国人民代表大会代表、化工部副部长。

锁，侯德榜把全部身心都投入到研究和改进制碱工艺上，经过5年艰苦的摸索，终于在1926年生产出合格的纯碱。

其后不久，被命名为"红三角"牌的中国纯碱在美国费城举办的万国博览会上获得金质奖章，并被誉为"中国工业进步的象征"。

◈ 侯氏制碱法

1937年，侯德榜与永利的工程技术人员一道，认真剖析了察安法流程，终于确定了具有自己独立特点的新的制碱工艺，1941年，这种新工艺被命名为"侯氏制碱法"。

1957年，为发展小化肥工业，侯德榜倡议用碳化法制取碳酸氢铵，他亲自带队到上海化工研究院，与技术人员一道，使碳化法氮肥生产新流程获得成功，侯德榜是首席发明人。当时的这种小氮肥厂，对我国农业生产曾做出不可磨灭的贡献。

王选——"当代毕昇"
WANGXUAN—DANGDAIBISHENG

✈ 当代毕昇

　　1975年，王选大胆地选择技术上的跨越，直接研制西方还没有产品的第四代激光照排系统。针对汉字的特点和难点，他发明了高分辨率字形的高倍率信息压缩技术和高速复原方法，率先设计出相应的专用芯片，在世界上首次使用"参数描述方法"描述笔画特性，并取得欧洲和中国的发明专利。

　　这些成果开创了汉字印刷的一个崭新时代，引发了我国报业和印刷出版业"告别铅与火，迈入光与电"的技术革命，彻底改造了我国沿用上百年的铅字印刷技术。王选获得1987年我国首次设立的印刷界个人最高荣誉奖——毕昇印刷奖，被誉为"当代毕昇"。

王选（1937~2006）

知识链接

优秀的发明家——王选

　　1992年，王选研制成功世界首套中文彩色照排系统，并先后获日内瓦国际发明展览金牌、中国专利发明金奖、联合国教科文组织科学奖、国家重大技术装备研制特等奖等众多奖项。

　　1987年和1995年两次获得国家科技进步一等奖。

　　1985年和1995年两度列入国家十大科技成就，是国内唯一四度获国家级奖励的项目。

　　1987年获得中国印刷业最高荣誉奖——毕昇印刷奖及森泽信夫奖。

　　1995年获何梁何利基金奖。

　　2001年获国家最高科学技术奖。

　　1991年获国务院特殊津贴。

　　1995年获联合国教科文组织科学奖、何梁何利科学与技术进步奖，获2001年度国家最高科学技术奖。

✦ "汉字激光照排系统"的意义

　　1979年7月27日，科研人员用自己研制的照排系统，在极短的时间内，一次成版地输出一张由各种大小字体组成、版面布局复杂的八开报纸样纸，报头是"汉字信息处理"六个大字。这是首次用激光照排机输出的中文报纸版面。这项成果，为世界上最浩繁的文字——汉字告别铅字印刷开辟了通畅大道。对实现中国新闻出版印刷领域的现代化具有重大意义。它引起当代世界印刷界的惊叹，被誉为中国印刷技术的再次革命。

袁隆平，中国著名农业学家，中国工程院院士，美国科学院院外院士，中国杂交水稻研究领域的开创者和带头人。荣获中国最高科学技术奖和多项国际奖，被称为当代神农。

袁隆平——"杂交水稻之父"

YUANLONGPING—ZAJIAOSHUIDAOZHIFU

杂交水稻之父

袁隆平，1930年9月1日生于北平（今北京），江西省德安县人，现在居住在湖南长沙。中国杂交水稻育种专家，中国工程院院士。

现任中国国家杂交水稻工作技术中心主任暨湖南杂交水稻研究中心主任、湖南农业大学教授、中国农业大学客座教授、怀化职业技术学院名誉院长、联合国粮农组织首席顾问、世界华人健康饮食协会荣誉主席、湖南省科协副主席和湖南省政协副主席。

2006年4月当选美国科学院外籍院士，被誉为"杂交水稻之父"。2011年获得马哈蒂尔科学奖。

观察水稻的袁隆平

如今，袁隆平以自己的才华和不懈的努力，在古老的土地上创造了非凡的奇迹——最早将杂种优势广泛应用于水稻生产。目前在中国，有一半的稻田里播种着他培育的杂交水稻，每年收获的稻谷60%源自他培育的杂交水稻种子。

袁隆平被称为"杂交水稻之父"，他的眼界很小，他只在一粒小小的稻种上倾注了所有的精力。袁隆平的贡献却很大，他让这粒稻种解决了13亿中国人吃饭的问题。

现在，这位品牌价值高达1000亿元人民币的中国"杂交水稻之父"正把心血投注到"超级杂交稻"的研制上，据说，它不是比一般品种的杂交稻增产25公斤、50公斤，它将可能增产150公斤、200公斤、250公斤。

诞生于饥饿年代的志向

袁隆平是一个富有传奇色彩的人。他出生在北京，从小家境还可以，虽在战火纷飞的年代，却一直读书受教育，前后辗转到了北京、重庆、武汉、南京等大城市。母亲启蒙了他的英语，后来又上过教会学校，因此会说一口地道的英语。

不久，一场罕见的饥荒席卷神州大地。袁隆平亲眼见到有人饿倒在路边、田坎上，很多人因饥饿得了浮肿病。

袁隆平为这沉痛的现实深深感到不安。从那一刻开始，他将"所有人不再挨饿"奉为终生的追求。人类到底能否战胜

袁隆平当选美国科学院院外院士的理由是：袁隆平先生发明的杂交水稻技术，为世界粮食安全作出了杰出贡献，增产的粮食每年为世界解决了3500万人的吃饭问题。

饥饿？袁隆平思索再三，认为还是要靠科技进步。

为了实现"所有人不再挨饿"的梦想，袁隆平以一种义无反顾的精神一头扎进了杂交水稻这个世界性的难题中。不为别的，就是为了让现实中落后、贫困的农村能变得如儿时园艺场那般富饶而美丽。为此，他所经历的困苦与磨难超出了常人的想象，但他数十年如一日地坚持着，努力着。

惠及人类的福音

袁隆平的杂交水稻获得成功之后，立刻就引起了世界范围的关注，杂交水稻开始在世界各国试验试种。

袁隆平近年来，先后应邀到菲律宾、美国、日本、法国、英国、意大利、埃

袁隆平

及、澳大利亚讲学、传授技术、参加学术会议以及进行技术合作研究等国际性学术活动19次。

杂交水稻推向世界，美国、日本、菲律宾、巴西、阿根廷等100多个国家纷纷引进杂交水稻。

自1981年袁隆平的杂交水稻成果在国内获得建国以来第一个特等发明奖之后，从1985～1988年的短短4年内，又连续荣获了3个国际性科学大奖。

国际水稻研究所所长、印度前农业部长斯瓦米纳森博士高度评价说："我们把袁隆平先生称为'杂交水稻之父'，因为他的成就不仅是中国的骄傲，也是世界的骄傲，他的成就给人类带来了福音。"

知识链接

伟人的心愿

袁隆平有两个心愿：一是把"超级杂交稻"合成；二是让杂交稻走向世界。

这是袁隆平的心声，一种博大的爱。为了实现这个心愿，他从成绩与荣誉两个"包袱"中解脱出来，超然于名利之外，对于众多的头衔和兼职，能辞去的坚决辞去，能不参加的会议一般不参加，梦魂萦绕的只有杂交稻。他希望杂交水稻的研究成果不但能增强我们国家自己解决吃饭问题的能力，同时也为解决人类仍然面临的饥饿问题做出更大的贡献。因此，袁隆平把帮助其他国家发展杂交稻当作为人类谋幸福的崇高事业。他还受聘担任了联合国粮农组织的首席顾问。满载着袁隆平的梦想与希望，杂交水稻在中国和世界的大地上播种和收获，创造着一个个神话般的奇迹。

王永民——五笔字型的发明者

WANGYONGMING—WUBIZIXINGDEFAMINGZHE

王永民——"一介书生，半个农民"

王永民是一个学者，一个发明家，同时也是一个公司的管理者。他发明的五笔字型，开创了电脑汉字输入的新纪元，是"把中国带入信息时代的人"。

这位至今仍自称是"一介书生、半个农民"的名人，始终关注着信息时代的汉字命运，并将毕生精力和智慧投入了汉字产业。

在1980年前后，即在五笔字型被发明之前，就曾经有很多人论断：计算机是汉字文化的掘墓机。这和王永民的言论，都传达出了汉字如今所面临的关乎生死的问题。这个时候，王永民出现了，他参与了汉字渡过世纪难关的科研项目，并发明了五笔字型。这个发明解决了汉字输入的速度和效率问题，使我们的汉字没有走入时代的死胡同。在这场伟大的科学活动中，王永民扮演了文字拯救者的角色。

五笔字型

五笔字型中，字根多数是传统的汉字偏旁部首，同时还把一些有少量的笔画结构作为字根，也有硬造出的一些"字

知识链接

拼音输入法——汉字文化的掘墓机

王永民，这个被誉为"当代毕升"的五笔字型的发明者，不久前再次口出狂言，发表了一则"耸人听闻"的言论："拼音输入——汉字文化的掘墓机。"

他认为，在电脑和手机上用拼音输入汉字，实际上是在"用拼音代替汉字"。长此以往，必然使越来越多的人提笔忘字，甚至不会写字，使报纸、书籍、电视屏幕上的错别字越来越多。

根"，五笔基本字根有130种，加上一些基本字根的变型，共有200个左右。这些字根对应在键盘上的25个键上。

键盘上有26个英文字母键，五笔字根分布在除Z之外的25个键上。这样每个键位都对应着几个甚至是十几个字根。

为了方便记忆，可以把这些字根按特点分区。我们知道，汉字有五种基本笔画，横、竖、撇、捺、折，所有的字根都是由这五种笔画组成的。在五笔中还规定，把"点"归为笔画"捺"。

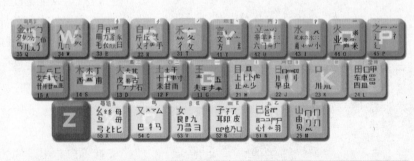

五笔字型键盘区位示意图

第四部分

世界历史上的发明家

SHIJIELISHISHANGDEFAMINGJIA

自古以来，人类的好奇心就像我们未知的世界一样永无止境。千百年来，对未知文明的追寻点燃了无数发明家的梦想，他们在各自的领域里进行着执着的探索和研究，世界也因他们而精彩。

约翰·古登堡（1400～1468）德国发明家，是西方活字印刷术的发明人，他的发明导致了一次媒界革命，迅速地推动了西方科学乃至整个人类社会的发展。

约翰·古登堡——推动世界文明的巨人

YUEHAN·GUDENGBAO—TUIDONGSHIJIEWENMINGDEJUREN

年轻时的古登堡

约翰纳斯·根士弗拉埃希约于1400年出生在德国美因茨，依当时习惯，他后来将自己的姓"根士弗拉埃希"改为他家的住址——古登堡，在1434～1444年，他随父亲移居斯特拉斯堡。他不像人们所传说的那样出生在名门望族，而是一个市民，一个金匠行会会员，珠宝匠的儿子。他曾经生产过镜子，当他用一个压具把镜子装到框子里去时，他产生了一个想法，能不能用同样的压具把排成词或句子的活体铅字托住，然后利用它来印刷。

如同很多发明家一样，促使他努力探索的原因是贫穷。古登堡回到家乡，认识了一个姓孚士德的人，这个人毫无功绩，

16世纪古登堡的铜板雕刻像

但却名垂青史——是一个贪得无厌，头脑简单，但却很有钱的一种人。当时的情形是这样的，创造革新刚开始，工作进展不快，而发明家却已一贫如洗，负债累累。这个土财主向法院告了他，虽然是土财主自己违约，不按期付钱，但他还是赢了这场官司，法官判决将古登堡的排字机给这位土财主。如果不是美因茨的教会从中调停，这位发明家也可能因此而被毁灭。

因为在当时，不可能是别的组织或个人，只有教会才能第一个发现这项具有无限威力的新发明。因为古登堡对教会的威胁，所以应该把这个发明家及他的排字机一起送去见阎王。但是教会却成了这一新发明的第一批使用者。这个带来新光明的发明者亲自印刷的第一批文件却是黑暗时代的赎罪书；教会同意教徒用钱来赎免自己的罪恶，德国代理人觉得通过印刷要比手写快得多，用这个办法只消几个小时就可以印出几百份，一切有罪恶感的人马上可以在灵魂上得道解脱，前提是只要他们愿意付钱。所以教会大力支持古登堡的印刷技术。

古登堡的贡献

古登堡对印刷的贡献远远超出他的任何一项发明或革新。他成为一位重要人物，主要是因为他把所有这些印刷结合起来变成一种有效的生产系统，这种印刷有别于先前所有的发明，它基本上是一个大规模的生产过程。打个比方说，一枝步枪

可能比一副弓箭更有杀伤力，但是一个印刷本比一个手抄本从效果来看却并无差别，因此印刷的优越性就在于大规模生产。

古登堡创造的不是一种小配件、小仪器，甚至也不是一系列的技术革新，而是一种完整的生产过程。

人们对古登堡的生平贡献往往知之甚少。他对印刷术的贡献是在15世纪中期做出的。他最有名的印刷产品，即所谓的《古登堡圣经》大约于1454年在美因兹印刷。让人奇怪的是，古登堡的任何一本书上都没有他的大名，甚至在《古登堡圣

《古登堡圣经》书影

经》上也没有，不过该书显然是用他的机器印刷的。他似乎不是一位杰出的商人，并且未能从自己的发明中赚大钱。

古登堡于1468年在美因兹去世。不过他的印刷技术却随着他的印刷工人向外流传。他的发明奠定了欧洲现代文明发展的基石，是欧洲文艺复兴和宗教改革的先声。甚至可以说印刷术的发明也是诱发工业革命的关键性技术。

虽然印刷术源自中国，但是现代的印刷术却是由西方再辗转传入中国的，所以古登堡对世界知识的传播、文明的演进，具有重要的影响。

如果没有古登堡，近代印刷术会延迟几百年出现，那么知识的传播会延迟更久，世界不会是现在这个繁荣的局面。

古登堡的印刷术使得印刷品变得非常便宜，印刷的速度也提高了许多，印刷量增加。它使得欧洲的文盲大量减少，所以说，古登堡为人类社会文化的传播作出了惊人的贡献，他是推动世界文明的巨人。

知识链接

第一部印刷的圣经

古登堡只印出约200部《圣经》，其中48部保存至今，包括20部全本，它们各不相同，因为当时的技工以不同的方法装饰书页。兰塞姆中心的一本饰以金叶，共两卷1268页，奥拉姆估计它价值2000万美元。

直到18世纪60年代，这部圣经还为德国南部一家修道院所用，书里有些段落被僧侣们抽出，并以更正过的文字替换。另有些段落，则标注哪些部分该在宗教仪式上大声朗读。

技术人员花了4个月的时间，用高解析度相机为美国国会图书馆的古登堡《圣经》逐页拍照。普通数码相机的解析度一般为200万到400万像素，但拍摄《圣经》的相机达到了13亿像素！为使书页保持水平，他们使用了一种特制的支架，照明用的冷金属卤化灯，可以保证《圣经》的犊皮纸表面温度的上升幅度不会超过一华氏度，每次曝光也要用15分钟的时间。

富兰克林——避雷针的发明者
FULANKELIN—BILEIZHENDEFAMINGZHE

🔊 雷电之谜

在18世纪以前，人类对于雷电的性质还不了解，那些信奉上帝的人，把雷电引起的火灾看作是上帝的惩罚。但一些富有科学精神的人，则已在探索雷电的秘密了。

1749年，波尔多科学院悬赏征求这样一个问题的答案："在电和雷之间有什么类似之处？"一个叫巴巴雷特的医生在论文中宣称：电跟雷是一回事。他的论文因此而中奖。然而，真正以科学实验寻求答案的，却是美国的富兰克林。

🔊 富兰克林的费城实验

富兰克林自幼勤奋好学，他的父亲曾

本杰明·富兰克林画像（戴维·马丁于1767年创作）

极想让他上大学，以便成为一个新教神学家。无奈家境太苦，所以富兰克林只上了两年公立小学和一年私立小学之后便停学了。停学后，富兰克林曾先后在自家和他家的作坊当过学徒。后来又进了他大哥开的印刷所，一边做工，一边自学。

富兰克林17岁时离开波士顿，先后在纽约、费城等地流浪，后来又到了英国，不久又返回北美。在社会这所大学中，他把自己培养成了一名出色的社会活动家。

1746年，40岁的富兰克林开始全力投入电学研究。富兰克林认为，既然莱顿瓶里的电可以引进引出，自然界的电也应该能通过导线从天上引下来。

1752年6月，富兰克林冒着生命危险，进行了著名的费城风筝试验。这一天，狂风漫卷，阴云密布，一场暴风雨就要来临了。富兰克林和他的儿子威廉一道，带着上面装有一个金属杆的风筝来到一个空旷地带。富兰克林高举起风筝，他的儿子则拉着风筝线飞跑。由于风大，风筝很快就被放入高空。刹那，雷电交加，大雨倾盆。富兰克林和他的儿子一道拉着风筝线躲进一个建筑物内。此时，刚好一道闪电从风筝上空掠过，富兰克林的手上立即掠过一种恐怖的麻木感。他抑制不住内心的激动，大声呼喊："我被电击了！我被电击了！"随即他用一串铜钥匙与风筝线接触，钥匙上立即放射出一串电火花。随后，他又将风筝线上的电引入莱顿

知识链接

富兰克林的十三种品德：

1. 节制。食不过饱；饮酒不醉。

2. 寡言。言必于人于己有益，避免无益的聊天。

3. 生活秩序。每一样东西应有一定的安放地方，每件日常事务当有一定的时间去做。

4. 决心。当做必做，决心要做的事应坚持不懈。

5. 俭朴。用钱必须于人或于己有益，换言之，切戒浪费。

6. 勤勉。不浪费时间；每时每刻做些有用的事，戒掉一切不必要的行动。

7. 诚恳。不欺骗人，思想要纯洁公正，说话也要如此。

8. 公正。不做损人利己的事，不要忘记履行对人有益而又是你应尽的义务。

9. 适度。避免极端，人若给你应得的处罚，你当容忍之。

10. 清洁。身体、衣服和住所力求清洁。

11. 镇静。勿因小事或普通不可避免的事故而惊慌失措。

12. 贞节。除了为了健康或生育后代，不乱行房事，切戒性事过度，无规律和技巧会伤害身体或损害自己或他人的安宁或名誉。

13. 谦虚。

瓶中。

⊙ 避雷针的发明与推广

实验之后不久，富兰克林就发明了避雷针。方法是：在建筑物的最高处立上一根2米至3米高的金属杆，用金属线使它和地面相连接，等到雷雨天气，雷电驯服地沿着金属线流向地下，建筑物就不会遭雷击了。

富兰克林为了推广避雷针的使用，专门写了《怎样使房屋等免遭雷电的袭击》的文章。文章发表后，美国的各个城市马上就开始安装避雷针。但这却遭到教士们的反对，他们说雷电是上帝的震怒。也有人因缺乏电的知识对避雷针的使用持怀疑态度。避雷针在法国也受到了强烈反对。

尽管有人反对，但避雷针还是普及开来了，因为事实证明，拒绝安装避雷针的一些高大教堂在大雷雨中相继遭受雷击，而比教堂更高的建筑物由于装上了避雷针而安然无恙。

避雷针是早期电学研究中的第一项具有重大应用价值的技术成果，它不仅使人类免受"雷公"肆虐之苦，而且也使雷电和上帝脱离了关系。

富兰克林风筝"抓"电实验

瓦特说："自暴自弃，这是一条永远腐蚀和啃噬着心灵的毒蛇，它吸走心灵的新鲜血液，并在其中注入厌世和绝望的毒汁。"

瓦特——蒸汽机车的发明者

WATE—ZHENGQIJICHEDEFAMINGZHE

◈ 蒸汽机的历史

蒸汽机最早的实用是在17世纪上半叶，法国工程师巴本在使用蒸汽动力技术实用化方面迈出了一大步。而在巴本的蒸汽机之后，英国工程师萨弗里又发明了不带活塞的蒸汽泵。萨弗里的蒸汽泵解决了当时矿工用传统的提水机械来排水时需要动用大量的人力和畜力的现状。1689年，萨弗里获得了该项专利。蒸汽泵成为第一台正式投入实用的蒸汽机。

蒸汽机的下一步改进是由英国工程师纽可门完成的。萨弗里的蒸汽泵激发了纽可门的灵感，使他在这一领域里创造出了更好的蒸汽机。为改进蒸汽机，纽可门曾专门拜访了年迈的科学家胡克，并与萨弗里一起探讨了改进方案。之后，他开始与一名水管工人着手制造一种改良的蒸汽机。

1705年，他们制造的第一台蒸汽机问世。又过了半个世纪，工业生产对于动力机器的需要空前增长，纽可门的蒸汽机却并不完美，它仅仅只能把1%的热能转换为机械能，因此耗费了大量的燃料。此时，为了满足新的需要，瓦特蒸汽机应运而生。

◈ 詹姆士·瓦特与蒸汽机

1736年，瓦特出生于苏格兰克莱德河畔的小镇格林诺克（位于格拉斯哥市附近），父亲为木匠兼商人，瓦特是六个孩子中最小的一个。少年时代的瓦特没有接受完整的正规教育，但曾就读于格林诺克文法学校，并在父亲的工厂学习技术。

1755年，瓦特只身前往伦敦，在一家精密仪器制造厂当学徒。2年后，成为格拉斯哥大学仪器制造厂工人，并拥有了自己的车间。

1763年，瓦特受命修理格拉斯哥大学的一台纽可门蒸汽机。

1764年，学校里的一台纽可门蒸汽机模型出现了故障，请瓦特前去维修。在修理的过程中，瓦特意识到该类型蒸汽机的两大弊病：首先，活塞动作不连续而且非常慢；其次，该汽缸在不断地加热与冷凝的过

早期的蒸汽机车（模型）

詹姆斯·瓦特是英国著名的发明家，是工业革命时的重要人物。后人为了纪念这位伟大的发明家，把功率的单位定为"瓦特"。

程中，能量大量流失，热效率十分低下。

　　1765年，瓦特设计发明了带有分离冷凝器的蒸汽机，克服了纽可门蒸汽机的缺陷。这种新型蒸汽机的热效率是纽可门蒸汽机的3倍以上，因此，学校教授、苏格兰物理学家、化学家约瑟夫·布莱克决定资助瓦特继续研制蒸汽机。

　　1767年，瓦特前往伦敦，得到化工技师约翰·罗巴克的资助，二人开始合作研制蒸汽机。

　　1769年，瓦特造出了第一台样机，并获得了发明冷凝器的专利，但瓦特并不满足于这一成绩，因为他还没能造出足以让矿山主争相购买的蒸汽机。

　　1776年3月8日，是一个值得纪念的日子，这一天，瓦特首次创造的蒸汽机在煤矿开始运行了。在此之后，瓦特又对蒸汽机作了多方面的改进。

　　1790年，瓦特机几乎全部取代了老式的纽可门机。至18世纪末，世界各地共有约500台瓦特式蒸汽机在不停地运作。

　　1817年，小詹姆士·瓦特为"卡列多尼亚号"远洋蒸汽船设计制造蒸汽机，该船下水时，整个英国都为之振奋、欢呼。瓦特亲眼目睹了这一场景，见证了儿子的成功。

◆ 纪念瓦特

　　为了纪念瓦特的贡献，国际单位制中功率的单位被定为"瓦特"，在机械运动中，瓦特的定义式1焦耳／秒。而在电学单位制中，瓦特的定义是1伏特·安培。

　　蒸汽机是人类继发明用火之后，在征服自然方面所取得的又一巨大胜利。它的发明和使用，推动了当时正在蓬勃兴起的英国工业革命，使世界工业进入大规模的蒸汽时代。虽然，后来电力逐渐替代了蒸汽的力量，但我们绝不能忘记是瓦特蒸汽机为人类开启了机械化时代。

詹姆士·瓦特（1736~1819）

奥古斯特·奥托在1876年制造出世界上第一台四冲程内燃机，这就是至今已生产出数以亿计的四冲程内燃机的最早样机。

奥托——"内燃机之父"
AOTUO—NEIRANJIZHIFU

内燃机之父

尼考罗斯·奥古斯特·奥托于1832年出生在法国霍尔照森镇。他在襁褓时父亲就去世了。奥托读书时是一个出色的学生，但却在16岁从中学辍学，参加了工作，获得了经商的经验。开始他在一个小镇上的一家杂货店工作，随后来到德国的法兰克福市当一名店员，接着又成为一名推销员，并且在1860年之后开始研究内燃机。

内燃机的诞生历史

人类最早产生内燃机设想的是1794年英国人斯特里特提出的从燃烧中获取动力的设计，他在历史上第一次提出了燃料与空气混合的概念，这是人类对内燃机最早的研究。到1833年的时候，英国人赖特提出了直接利用燃烧压力推动活塞做

20世纪后期的内燃机车

功的设计。之后人们又提出过各种各样的内燃机方案，但在19世纪中叶以前均未付诸实践制作。

1860年，法国的勒努瓦模仿蒸汽机的结构，设计制造出第一台实用的煤气机。这是一种无压缩、电点火、使用照明煤气的内燃机。勒努瓦首先在内燃机中采用了弹力活塞环。这台煤气机的热效率为4%左右。英国的巴尼特曾提倡将可燃混合气在点火之前进行压缩，随后又有人著文论述对可燃混合气进行压缩的重要作用，并且指出压缩可以大大提高勒努瓦内燃机的效率。

1862年，法国科学家罗沙对内燃机热力过程进行理论分析之后，提出提高内燃机效率的要求，这就是最早的四冲程工作循环原理。

奥托的四冲程内燃机

在1860年，奥托听说艾蒂安·勒努瓦最近发明了燃气机——第一台可使用的内燃机。他开始认识到如果勒努瓦燃气机能够使用液体燃料来开动，它的用途就会大大地增多，因为在这种情况下它不必与一个煤气管道相连接。他很快就发明出一种汽化器，但是他的专利申请却被专利局否决了，因为已经有一个法国人发明出了类似的装置。但奥托并没有因此而灰心丧气，而是竭尽全力改革努勒瓦燃气机。早在1861年，他就设想要制造一台基本上全新型的发动机，一种使用四冲程的发动机

（与使用两部冲程的努勒瓦原型发动机不同）。1862年2月，奥托制造出一台四部冲程发动机工作样机。他在把这台新发动机变得实用的过程中遇到了困难，特别是在点火装置方面的困难，不久便把它搁置一旁。但是他又发明了"常压发动机"，一种革新的二部冲程发动机，靠煤气做动力。1863年他获得该项革新的专利权。

❯ 点火系统的改进

1876年，奥托设计出来一个改进的点火系统，有了这个系统就可以制造出一台实用的四冲程发动机。第一台这样的样机于1876年5月制造出来，翌年就获得了一项专利权。四冲程发动机的功率和性能具有明显的优越性，因此一下子就打入了市

奥托内燃机

场，大获成功。仅在随后的10年中就销售了3万多台，各种类型的勒努瓦发动机很快就被淘汰了。

❯ 专利权的争议

1886年，奥托因发明四冲程发动机而获得的德国专利权被一项专利权起诉给推翻了。

原来法国人阿尔方斯·博·罗夏早在1862年就设计出一种基本相似的装置，并获得专利权。但是人们不应该把博·罗夏看作是一位有影响的人物，因为他的发明从未打入市场，实际上他也从未制造出一台四冲程的样机，

奥托也不了解有关他发明的任何情况。奥托公司虽然失去了有价值的专利权，但他仍在继续赚钱。到1891年他在德国科隆去世时，公司生意兴隆，价值万贯。

知识链接

内燃机

内燃机，是一种动力机械，它是通过使燃料在机器内部燃烧，并将其放出的热能直接转换为动力的热力发动机。

广义上的内燃机不仅包括往复活塞式内燃机、旋转活塞式发动机和自由活塞式发动机，也包括旋转叶轮式的燃气轮机、喷气式发动机等，但通常所说的内燃机是指活塞式内燃机。

活塞式内燃机以往复活塞式最为普遍。活塞式内燃机将燃料和空气混合，在其汽缸内燃烧，释放出的热能使汽缸内产生高温高压的燃气。燃气膨胀推动活塞作功，再通过曲柄连杆机构或其他机构将机械功输出，驱动从动机械工作。常见的有柴油机和汽油机，通过将内能转化为机械能，是通过做功改变内能。

创造与发明
CHUANGZAOYUFAMING

探索魅力科学

达·芬奇生前留下大批未经整理的用左手反写的手稿，难于解读。直到17世纪中叶，才有学者整理小部分达·芬奇手稿。达·芬奇的主要手稿丢失了200多年，直到1817年才重见天日，但已被严重毁坏。

达·芬奇——天才的发明家

DA·FENGQI—TIANCAIDEFAMINGJIA

▶ 达芬奇简介

列奥纳多·达·芬奇，是意大利文艺复兴三杰之一，也是整个欧洲文艺复兴时期最完美的代表。他是一位思想深邃，学识渊博、多才多艺的画家、寓言家、雕塑家、发明家、哲学家、音乐家、医学家、生物学家、地理学家、建筑工程师和军事工程师。他是一位天才，他一面热心于艺术创作和理论研究，研究如何用线条与立

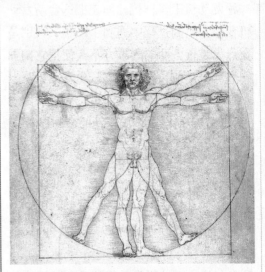

达·芬奇关于人体比例的作品
——《维特鲁威人》

体造型去表现形体的各种问题；另一方面他也同时研究自然科学，为了真实感人的艺术形象，他广泛地研究与绘画有关的光学、数学、地质学、生物学等多种学科。他的艺术实践和科学探索精神对后代产生了重大而深远的影响。

▶ 达·芬奇的军事发明

达·芬奇的研究和发明还涉及到了军事领域。他发明了簧轮枪、子母弹、三管大炮、坦克车、浮动雪鞋、潜水服及潜水艇、双层船壳战舰、滑翔机、扑翼飞机和直升机、旋转浮桥等等。2008年，在瑞士西部城市帕耶讷，36岁的瑞士人奥利维耶·维耶提·特帕使用由达·芬奇设计的金字塔型降落伞从距地面600米高的直升机上成功跳下并安全降落。

意大利佛罗伦斯乌菲兹美术馆外的达芬奇雕像

孩童时代的达·芬奇聪明伶俐、兴趣广泛。他很早就学会弹七弦琴和吹奏长笛。他的即兴演唱，不论歌词还是曲调，都让人惊叹。他尤其喜爱绘画，常为邻里们作画，有"绘画神童"的美称。

知识链接

艺术遗产

在达·芬奇的艺术遗产中，大量的素描习作也颇值得我们重视，这些素描和他的正式作品一样，同样达到了极高的水平，被誉为素描艺术的典范。其特点是：观察入微，线条刚柔相济，尤善于利用疏密程度不同的斜线，表现光影的微妙变化。他的每一件作品都以素描作基础。

🔊 初级机器人的设计

不太精通人体学的达·芬奇还设计了一套方法以做心脏修复手术。达·芬奇曾称自己没有受过书本教育，大自然才是他真正的老师。为了认识自然，认识自己，这位文艺复兴时期的天才不遗余力地探索着。为了认识人类自身，达·芬奇亲自解

达·芬奇在夏多昂布瓦斯城设计出武装坦克车

剖了几十具尸体，对人体骨骼、肌肉、关节以及内脏器官进行了精确了解和绘制。

令人惊讶的是，当时达·芬奇连人体循环系统工作机理的概念都没有。更为神奇的是，2005年一名英国外科医生还利用达·芬奇设计的方法做心脏修复手术。不过，解剖学的研究在当时并没有给达·芬奇带来声誉，而是遭到了无数的诽谤。

后来，有了对人体的这种深入了解，达·芬奇才在手稿中绘制了西方文明世界的第一款人形机器人。达·芬奇赋予了这个机器人木头、皮革和金属的外壳。但是他也遭遇了"如何让机器人动起来"这个令人伤脑筋的问题。他想到了用下部的齿轮作为驱动装置，由此通过两个机械杆的齿轮再与胸部的一个圆盘齿轮咬合，机器人的胳膊就可以挥舞，可以坐或者站立。更绝的是，再通过一个传动杆与头部相连，头部就可以转动甚至开合下颌。而一旦配备了自动鼓装置后，这个机器人甚至还可以发出声音。由此可见，500多年前，人类就已经有了机器人的雏形。

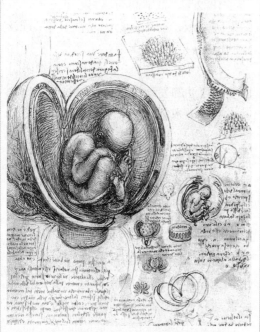

达·芬奇的《胚胎研究》（约在公元1510年）

戴姆勒公司与中国汽车企业比亚迪正式签署合资协议。双方将成立50∶50股比的合资公司，公司命名为"深圳比亚迪·戴姆勒新技术有限公司"，并将开创新的汽车品牌。

戴姆勒——"奔驰汽车之父"

DAIMULE—BENCHIQICHEZHIFU

戴姆勒简介

戴姆勒作为戴姆勒公司的创始人，既是德国的工程师又是一名伟大的发明家，他的全名叫做戈特利布·戴姆勒。

在1852年的时候，戴姆勒就读于斯图加特工程学院。少年时代的戴姆勒就对燃气发动机产生了浓厚的兴趣，并开始学习研制奥托式燃气发动机。

1872年，戴姆勒设计出四冲程发动机。

1873年，当时还在担任Deutz发动机

戴姆勒

厂技术部主任的戈特利布·戴姆勒，在给妻子寄去的明信片上，信手画上了一颗三叉星以代表他当时的住处，并特别声明：总有一天，这颗吉祥之星将会照耀我毕生的工作。

1882年，戴姆勒与他的好友——著名的发明家威尔赫姆·迈巴赫离开了Dentz发动机厂。

1883年，他与迈巴赫合作，成功研制出使用汽油的发动机，并于1885年将此发动机安装于木制双轮车上，从而发明了摩托车。

1886年，戴姆勒把这种发动机安装在他为妻子43岁生日而购买的马车上，创造了第一辆戴姆勒汽车。

戴姆勒公司

戴姆勒公司作为戴姆勒自主研发的公司，是世界上资格最老的厂家，也是经营风格始终如一的厂家。从1926年至今，公司不追求汽车产量的扩大，而只追求生产出高质量、高性能的高级别汽车产品。在世界十大汽车公司中，戴姆

勒公司产量最小，不到100万辆，但它的利润和销售额却名列前五名。奔驰的最低级别汽车售价也有1.5万美元以上，而豪华汽车则在10万美元以上，中间车型也在4万美元左右。

戴姆勒的载重汽车、专用汽车、大客车品种繁多，仅载重汽车一种，就有110多种基本型，戴姆勒也是世界上最大的重型车生产厂家。

1984年戴姆勒公司投放市场的6.5吨至11吨新型载重汽车，采用空气制动、伺服转向器、电子防刹车抱死装置，使各大载重汽车公司为之震动。

❯ 戴姆勒在中国

20世纪80年代，戴姆勒公司和中国北方工业公司合作，向中国转让奔驰重型汽车的生产技术。

2005年8月，戴姆勒与北京汽车工业控股有限责任公司成立了合资企业北京奔驰—戴姆勒·克莱斯勒汽车有限公司，生产梅赛德斯系列的奔驰E级和C级轿车。并且在2007年6月，戴姆勒与福建省汽车工业集团有限公司以双方各占50%的股份共同合资组建福建戴姆勒汽车工业有限公司，生产梅赛德斯—奔驰威霆、唯雅诺和凌特轻型商用车。

戴姆勒也正与北汽福田汽车股份有限公司进行洽谈，计划在中国提供中型和重型载重车产品和技术。

早期的戴姆勒汽车

亚历山德罗·伏特伯爵，意大利物理学家，因在1800年发明伏达电堆而著名。后来他受封为伯爵。

亚历山德罗·伏特——富有智慧的伯爵
YALISHANDELUO·FUTE—FUYOUZHIHUIDEBOJUE

伏特简介

伏特是意大利著名的物理学家，1745年其出生于意大利科莫一个富有的天主教家庭里。他的父亲在和一位高贵的妇女结婚之前，一直是耶稣会的一位新教徒，已有11年之久，这位妇女也是一位宗教信仰很深的人。

伏特的父亲有3位担任圣职的兄弟，有9个儿女，其中5个加入教会。伏特非常崇拜他担任副主教的兄弟和他最好的朋友、大教堂牧师加托尼。但伏特在接受耶稣会教育后，宁愿过一种世俗生活，虽然他周围的宗教社会整个说来还是快乐的，热爱生活的，而且是相当开明的。但是伏特还是喜欢世俗一些的生活。

亚历山德罗·伏特（1745～1827）

伏特与电学

年轻时候的伏特就开始尝试进行电学实验了，他读了所有他能够找到的电学方面的书，并且对电学的研究工作深感兴趣。他的好友加托尼送给他一些仪器，并在家里让出了一间房子来支持他的研究。

伏特16岁时开始与一些著名的电学家通信，其中有巴黎的诺莱和都灵的贝卡里亚。

贝卡里亚是一位很有成就的国际知名的电学家，他劝告伏特少提出理论，多做实验。

事实上，伏特年青时期的理论思想远不如他的实验重要。随着岁月的流逝，伏特对静电的了解至少可以和当时最好的电学家媲美。不久他就开始应用他的理论制造各种有独创性的仪器，用现代的话来讲，要点在于他对电量、电量或张力、电容以及关系式 $Q=CV$（即电量等于电容与电压的乘积）都有了明确的了解。并于1769年发表了自己的第一篇科学论文。

伏特制造的仪器的一个杰出例子就是起电盘。这一发明是非常精巧的，以后发展成为一系列静电起电机。

由于起电盘的发明，1774年伏特担任了科莫皇家学校的物理教授，1779年任帕维亚大学物理学教授。他的名声开始扩展到意大利以外，苏黎世物理学会选举他为会员。

伏特虽然没有发现电，但是他却想出

伏特在32岁时去瑞士游历，见到了伏尔泰和一些瑞士物理学家。回来后他被任命为帕维亚大学物理学教授，这是伦巴第地区最著名的大学。他担任这个教授职务一直到退休，正是在那里他作出了他的划时代的贡献。

了一个可将电携带的好点子。要知道"伏特电池"可是现代电池的先驱。

伏特最早发现导电体可以分为两大类。

第一类是金属，它们接触时会产生电势差，第二类是液体（在现代语言中称为电解质）。

这两类金属与浸在里面的金属之间没有很大的电差。而且第二类导体互相接触时也不会产生明显的电势差，第一类导体可依次排列起来，使其中第一种相对于后面的一种是正的，例如锌对铜是正的，在一个金属链中，一种金属和最后一种金属之间的电势差是一样的，仿佛其中不存在任何中间接触，而第一种金属和最后一种金属直接接触似的。

伏特最后得到了一种思想，他把一些第一种导体和第二种导体连接得使每一个接触点上产生的电势差可以相加。他把这种装置称为"电堆"，因为它是由浸在酸溶液中的锌板、铜板和布片重复许多层而构成的。

他在一封写给皇家学会会长班克斯的著名信件中介绍了他的发明，用的标题是《论不同导电物质接触产生的电》。这开始创造新一轮的科学革命。

伯爵称号

伏特最伟大的成就就是伏达电堆，这是在他55岁时研究出的，这在当时立即引起所有物理学家的欢呼。1801年他去巴黎，在法国科学院表演了他的实验，当时拿破仑也在场，他立即下令授予伏特一枚特制金质奖章和一份养老金，于是伏特成为拿破仑的被保护人，正如20年前，他曾经是奥地利皇帝约瑟夫二世的被保护人一样。

1804年他要求辞去帕维亚大学教授而退休时，拿破仑拒绝了他的要求，赐予他更多的名誉和金钱，并授予他伯爵称号。甚至拿破仑倒台后，伏特也与归国的奥地利人和睦相处，没有发生多少麻烦。因此他安然地度过了那个激烈变化的历史时期，无论是谁当权，他都受到了相同的尊敬，而且他对政治毫不关心，只专心于他的研究。

伏特在完成了电堆的工作后，就从舞台上消失了。对他发现的利用完全落在其他人身上。他可能是年纪太大了，无法再与年青的新生力量竞争，也可能在心理上受到了他以前的巨大成就的阻碍。他没有脱离过学校，他的工作可能太个人化了，他的著作与教学缺乏正规的数学模式，这可能限制了他表达自己思想的能力。

伏特最后的8年是在他的坎纳戈别墅和科莫附近度过的，他完全过一种隐居的生活。1827年3月5日，伏特去世，终年82岁。为了纪念他，人们将电动势单位取名伏特。

目前中国网通所经营的"无线座机"无线市话业务利用了SCDMA技术。据悉，目前无线座机已经在全国16个省、直辖市、自治区的106个县市大规模使用。开启了电话的无线时代。

贝尔——"电话之父"
BEIER—DIANHUAZHIFU

➤ 贝尔与电话

电报传送的是符号。发送一份电报，得先将报文译成电码，再用电报机发送出去；在收报一方，要经过相反的过程，即将收到的电码译成报文，然后，送到收报人的手里。这不仅手续麻烦，而且也不能进行及时双向信息交流。因此，人们开始探索一种能直接传送人类声音的通信方式，这就是现在无人不晓的"电话"。

1861年，德国一名教师发明了最原始的电话机，利用声波原理可在短距离互相通话，但无法投入真正的使用。

如何把电流和声波联系在一起而实现远距离通话？

亚历山大·贝尔是注定要完成这个历史任务的人，他系统地学习了人的语音、发声机理和声波振动原理，在为聋哑人设计助听器的过程中，他发现电流导通和停止的瞬间，螺旋线圈发出了噪声，就这一发现使贝尔突发奇想"用电流的强弱来模拟声音大小的变化，从而用电流传送声音。"贝尔越想越激动。他想："这一定是一个很有价值的想法。"于是，他将自己的想法告诉电学界的朋友，希望从他们那里得到有益的建议。

然而，当这些电学专家听到这个奇怪的设想后，有的不以为然，有的付之一笑，甚至有一位不客气地说："只要你多读几本《电学常识》之类的书，就不会有这种幻想了。"

贝尔碰了一鼻子灰，但并不沮丧。此后，贝尔便一头扎进图书馆，从阅读《电学常识》开始，直至掌握了最新的电磁研究动态。

有了坚实的电磁学理论知识，贝尔便开始筹备试验。他请来18岁的电器技师沃特森做试验助手。接着，贝尔和沃特森开始试验。他们终日把自己关在试验室里，反复设计方案、加工制作，可一次次都失败了。

1875年5月，贝尔和沃特森研制出两台粗糙的样机。可是，经过验证，这两台样机还是不能通话。

贝尔（1847~1922）

贝尔经过反复研究、检查，确认样机设计、制作没有什么问题。"可为什么失败了呢？"贝尔苦苦思索着。

一天夜晚，贝尔站在窗前，锁眉沉思。忽然，从远处传来了悠扬的吉他声。贝尔从吉他声中得到启迪，并且马上设计了一个制作方案，制作了一个音箱。

1875年6月2日，他们又对带音箱的样机进行试验。贝尔在实验室里，沃特森在隔着几个房间的另一头。贝尔一面在调整机器，一面对着送话器呼唤起来。

忽然，贝尔在操作时，不小心把硫酸溅到腿上，他情不自禁地喊道："沃特森先生，快来呀，我需要你！"

"我听到了，我听到了。"沃特森高兴地从那一头冲过来。他顾不上看贝尔受伤的地方，把贝尔紧紧拥抱住。贝尔此时也忘了疼痛，激动得热泪盈眶。

当天夜里，贝尔怎么也睡不着。他半夜爬起来，给母亲写一封信。信中他写道：

"今天对我来说，是个重大的日子。我们的理想终于实现了！未来，电话将像自来水和煤气一样进入家庭。人们各自在

早期的拨号电话

家里，不用出门，也可以进行交谈了。"

可是，人们对这新生事物的诞生反应冷漠，觉得它只能用来做做游戏，没什么实用价值。

贝尔一方面对样机进行系统地完善，另一方面利用一切机会宣传电话的使用价值，以便人们能够认识到它的价值。

1878年，贝尔在波士顿和纽约之间进行首次长途电话试验（两地相距300千米），结果也获得成功。在这以后，电话很快在北美各大城市盛行起来。

电话在中国

电话传入中国，是在1881年，英籍电气技师皮晓浦在上海十六铺沿街架起一对露天电话，付一定的钱才可通话一次，这是中国的第一部电话。1882年2月，丹麦大北电报公司在上海外滩扬子天路办起中国第一个电话局，用户25家。1889年，安徽省安庆州候补知州彭名保，自行设计了一部电话，包括自制的五六十种大小零件，成为中国第一部自行设计制造的电话。

知识链接

USB电话

USB电话是一种在外形上小巧美观，型似手机，易于携带的网络话机。它使用USB接口连接电脑，利用电脑接入Internet来传送语音。专业高性能，支持很多软电话。独特的手机式外形设计，即插即用，连接PC电脑或笔记本，简单易用。您可通过它像普通电话一样拨打或接听任何网络电话。

冯·诺依曼从小聪颖过人，兴趣广泛，读书过目不忘。据说他6岁时就能用古希腊语同父亲闲谈，一生掌握了七种语言，最擅德语。

冯·诺依曼——"计算机之父"
FENG·NUOYIMAN—JISUANJIZHIFU

诺依曼与计算机

1944至1945年间，冯·诺依曼研制出了现今所用的将一组数学过程转变为计算机指令语言的基本方法。

当时的电子计算机缺少灵活性、普适性。冯·诺依曼基于机器中固定的、普适的线路系统，经过不懈钻研，终于克服了当时电子计算机中缺少灵活性的缺点，为计算机的发展作出了重大贡献。

计算机工程的发展应大大归功于冯·诺依曼。计算机的逻辑图式，现代计算机中存储、速度、基本指令的选取以及线路之间相互作用的设计，都深深受到冯·诺依曼思想的影响。他不仅参与了电

ENIAC的四个面板和一个函数表，展览于宾夕法尼亚大学工程和应用科学学院。

子管元件的计算机ENIAC的研制，并且还在普林斯顿高等研究院亲自督造了一台计算机。稍前，冯·诺依曼还和摩尔小组一起，写出了一个全新的存贮程序通用电子计算机方案的EDVAC，这份长达101页的报告轰动了数学界。一向专搞理论研究的普林斯顿高等研究院也批准让冯·诺依曼建造计算机，其依据就是这份报告。

程序内存

程序内存是诺伊曼在研制计算机之外的另一杰作。通过对ENIAC的考察，诺伊曼敏锐地抓住了它的最大弱点——没有真正的存储器。ENIAC只有20个暂存器，并且它的程序是外插型的，指令存储在计算机的其他电路中。这样，解题之前，必需先相好所需的全部指令，通过手工把相应的电路联通。这种准备工作要花几小时甚至几天时间，而计算本

数学家约翰·冯·诺依曼（1903~1957）

身只需几分钟。计算的高速与程序的手工存在着很大的矛盾。

针对这个问题，诺伊曼提出了程序内存的思想：把运算程序存在机器的存储器中，程序设计员只需要在存储器中寻找运算指令，机器就会自行计算，这样，就不必每个问题都重新编程，这就大大加快了运算进程。这一思想标志着自动运算的实现，标志着电子计算机的成熟，已成为电子计算机设计的基本原则。

主要贡献

另外，冯·诺伊曼还是20世纪最重要的数学家之一，在纯粹数学和应用数学方面都有杰出的贡献。他的工作大致可以分为两个时期。

1940年以前，主要是纯粹数学的研究：在数理逻辑方面提出简单而明确的序数理论，并对集合论进行新的公理化，其中明确区别集合与类。其后，他研究希尔伯特空间上线性自伴算子谱理论，从而为量子力学打下数学基础；1930年起，他证明了平均遍历定理，开拓了遍历理论的

ENIAC是计算机发展史上的一个里程碑

新领域；1933年，他运用紧致群解决了希尔伯特第五问题；此外，他还在测度论、格论和连续几何学方面也有开创性的贡献；从1936～1943年，他和默里合作，创造了算子环理论，即现在所谓的冯·诺伊曼代数。

1940年以后，冯·诺伊曼转向应用数学。如果说他的纯粹数学成就属于数学界，那么他在力学、经济学、数值分析和电子计算机方面的工作则属于全人类。第二次世界大战开始，冯·诺伊曼因战事的需要研究可压缩气体运动，建立冲击波理论和湍流理论，发展了流体力学；从1942年起，他同莫根施特恩合作，写作《博弈论和经济行为》一书，这是博弈论（又称对策论）中的经典著作，这使他成为数理经济学的奠基人之一。

冯·诺伊曼对世界上第一台电子计算机ENIAC（电子数字积分计算机）的设计提出过建议，这对后来计算机的设计有决定性的影响，至今仍为电子计算机设计者所遵循。

知识链接

冯·诺依曼的小故事

据说有一天，冯·诺依曼心神不定地被同事拉上了牌桌。一边打牌，一边还在想他的课题，狼狈不堪地"输掉"了10元钱。这位同事也是数学家，突然心生一计，想要捉弄一下他的朋友，于是用赢得的5元钱，购买了一本冯·诺依曼撰写的《博弈论和经济行为》，并把剩下的5元贴在书的封面，以表明他"战胜"了"赌博经济理论家"，着实使冯·诺依曼"好没面子"。

阿尔弗雷德·诺贝尔的名字被用来给一种元素命名，这种元素就是锘。这是一种在1957年发现的人工放射性元素，化学符合中No，原子序数为102，是锕系元素之一。锘261是最稳定的同位素，半衰期为76小时。

诺贝尔——"炸药之王"
NUOBEIER—ZHAYAOZHIWANG

提到诺贝尔，人们通常都会想起诺贝尔奖金来。而诺贝尔奖金的设立，又是与安全炸药的发明密切关联的。

发明"达纳"炸药

诺贝尔全名是阿尔弗雷德·伯恩哈德·诺贝尔，是一位瑞典人。诺贝尔的父亲专门从事硝化甘油炸药的生产和销售。硝化甘油是一种油质液体炸药，稍受冲击即会猛烈爆炸。老诺贝尔的工厂因而发生多次爆炸事故，死伤数人，诺贝尔的哥哥也在其中。老诺贝尔因操劳过度导致中风，卧床不起。

诺贝尔子承父业，开始硝化甘油工厂，但爆炸依旧接连发生。于是，诺贝尔决心研制安全炸药。他偶然发现了硅藻土因为吸收了硝化甘油而变成的硬块，这种硬块不会因为碰撞而发生爆炸。

这个现象使诺贝尔受到启发，由此发明了"达纳"炸药，并于1867年取得了专利权。

诺贝尔奖牌

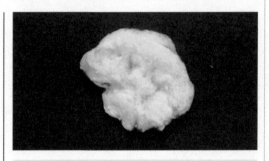

硝化棉

但是硅藻土是一种惰性材料，在爆炸过程中，它会吸收硝化甘油气化时产生的部分热量，从而影响爆炸力。硅藻土炸药受潮后，硝化甘油还能从中析出，影响有效成份的含量。诺贝尔决心研制出一种既安全、爆炸力又强的新型炸药。

安全炸药与导火索

1875年，诺贝尔使用硝化不完全的珂珞酊棉做配料，制出了新的炸药样品。他把硝化甘油与不同的火药棉相配，得到了几种胶体炸药。这种炸药效力高，造价低，安全可靠，成为当时最理想的炸药。不够这种炸药有一个不易起爆的缺点，于是，研制引爆剂与引爆装置又成了一个亟待解决的问题。同年，诺贝尔经过一段时间的试验，制成了一个引爆装置——一个在里面装有雷酸汞的"雷管"。与此同时，他又制成了一种引火装置——导火索。

这年年底，他决定进行一次新的试验。当他把安全烈性炸药、雷管和导火索一一装好之后，把导火索点燃，然后所有人员立即撤出试验区。一会儿，霹雳一声巨响，瓦砾四起，浓烟弥漫，实验室炸毁了，实验成功了！由于诺贝尔离实验室太近，他被飞溅的瓦砾打得遍体鳞伤。他顾不得伤痛，从废墟中爬出来，狂呼跳跃，庆贺他耗资巨大、几经失败、历时11年之久的安全烈性炸药实验终于取得了成功。

功成名就

诺贝尔的安全烈性炸药、雷管等发明之后，瑞典、英国、德国、法国等国家争相给予他专利权，世界各国争相购买新的安全炸药。到19世纪70年代，诺贝尔本人所经营的生产企业，已遍布近20个国家。诺贝尔本人因此成为百万富翁。

1868年2月，瑞典科学院给诺贝尔父子颁发了金质奖章，以表彰他俩，特别是诺贝尔本人在安全炸药的发明中所建立的卓越功勋。有了金钱和荣誉，诺贝尔并未沉湎于安乐和享受。为了推动火药的研制和发展，他在瑞典、英国、法国、德国、意大利都建有设备完善的实验室。然而，他在各处的住房却极为简朴。他说："我的家就是我的工作场所，而我则到处工作。"他终身未娶，始终奔走于他在欧洲各国的实验室和企业之间，他因此被称为

硝化甘油分子式

诺贝尔的遗嘱：

"把奖金分为五份：一、给在物理学方面有最重要发现或发明的人；二、给在化学方面有最重要发现或新改进的人；三、给在生理学和医学方面有最重要发现的人；四、给在文学方面表现出了理想主义的倾向并有最优秀作品的人；五、给为国与国之间的友好、废除使用武力与贡献的人。

"欧洲最富有的流浪汉"。

诺贝尔的遗嘱

诺贝尔终生献身于火药研制这一冒险事业，他的初衷原在于向死神夺取烈性炸药中那种征服自然和改造自然的伟大力量。他的科学成果虽然也被用于和平建设事业，但却在更大程度上用于战争。诺贝尔对此深恶痛绝，并为此深感遗憾。

多年的冒险实验损坏了诺贝尔的健康，1896年12月，65岁的诺贝尔已处于生命垂危之中。但是，他仍然为自己的发明给人类带来的灾祸而深感内疚。临终时，他嘱托亲友，从他的遗产中提取920万美元作为基金存入国家银行，以其每年的利息20万美元作为奖金，奖励给各国每年在科学事业和和平事业中作出杰出贡献的科学家和社会活动家。这就是举世闻名的诺贝尔奖金。

自1901年起，由瑞典科学院主持每年在世界范围内从生理、医学、化学、物理和文学等方面选出前一年最突出的一项成就，分别授予约相当于10万美元的奖金。这项奖金被现代人公认为是科学家的最高荣誉。

伽利尔摩·马可尼，意大利无线电工程师，企业家，实用无线电报通信的创始人。1897年，在伦敦成立"马可尼无线电报公司"。1909年他与布劳恩一起得诺贝尔物理学奖。

马可尼——"无线电之父"
MAKENI—WUXIANDIANZHIFU

▶ 学生时代

少年时的马可尼几乎没有在正规的学校读过书，但他经常在父亲的私人图书馆中博览群书。母亲在阁楼上腾出一个房间给他做实验室，还说服了一位大学物理教授给马可尼做指导。这位教授是马可尼的启蒙教师，他不但允许马可尼使用学校的实验室，还准许他将实验仪器借回家中，又同意他借阅学校图书馆的图书。马可尼借此机会，一口气将图书馆内所有关于电磁学的书籍阅读完毕，还做了大量的电磁学实验。马可尼先后在波伦那、佛罗伦萨和里窝那接受私人教育。在少年时期，他就对物理和电学有着很浓厚的兴趣，并且读过麦克斯韦、赫兹、里希、洛奇等人的著作。1895年马可尼在他父亲的蓬切西奥庄园开始了他的实验室实验。在这里他成功地把无线电信号发送到了2千米左右的距离，他成了世界上第一台实用的无线电

马可尼

报系统的发明者。

▶ 无线电的发明

自1831年法拉第发现磁产生电，到1886年德国物理学家赫兹在实验室里证实了电磁波的存在之后，人们开始意识到电磁波可以利用到无线电通信技术之中。9年后，意大利发明家伽利尔摩·马可尼脱颖而出，他第一个说明并且用赫兹波成功地传送简明易懂的信号，从而使处于摇篮时代的无线电事业布满了全球。

1894年，年满20岁的马可尼了解到海因利希·赫兹几年前所做的实验，这些实验清楚地表明了不可见的电磁波是存在的，这种电磁波以光速在空中传播。

马可尼很快就想到可以利用这种波向远距离发送信号而又不需要线路，这就使电报完成不了的许多通信有了可能。例如利用这种手段可以把信息传送到海上航行的船只。

马可尼经过一年的努力，于1895年成功地发明了一种工作装置，1896年他在英国做了该装置的演示试验，首次获得了这项发明的专利权。马可尼立即成立了一个公司，1898年第一次发射了无线电。翌年他发送的无线电信号穿过了英吉利海峡。虽然马可尼最重要的专利权是在1900年授予的，但是他不断地改进自己的发明，从中获得了许多专利权。1901年他发射的无线电信息成功地穿越大西洋，从英格兰传到加拿大的纽芬兰省。

出色的军人

马可尼不仅仅是伟大的科学家，他还是一名出色的军人。1914年马可尼被任命为意大利军队的中尉，后提升为上尉。1916年调任为海军司令部的中校。他曾是1917年意大利政府赴美使团的成员之一，1919年担任巴黎和会的意大利特命全权代表。同年马可尼被授予意大利军功勋章，以表彰他在军队中的服务。

这项发明的重要性在一次事故中戏剧性地显示出来了。那是1909年"共和国"号汽船由于碰撞遭到毁坏而沉入海底，这时无线电信息起了作用，除6个人外所有的人员全部得救。同年马可尼因其发明而获得诺贝尔奖。翌年他发射的无线电信息成功地穿越9600多千米的距离，从爱尔兰传到阿根廷。

所有这些信息都是利用莫尔斯电码的虚线系统发射的。当时人们就已经知道声音也可以用无线电传播，但是这大约在1915年才得以实现，用于商业的无线电广播在20世纪30年代初期才刚刚开始，但是它的普及和意义随后则迅速地增长。

马可尼与无线电技术

20来岁时，马可尼就开始幻想要使无线电波从世界的一端发送到另一端。27岁时，他实现了这一理想，成为世界公认的"无线电之父"。马可尼的无线电通信在科学领域，不仅具有极其重要的位置，在信息时代迅速发展的今天，更显示出非凡的力量。

无线电技术就是利用无线电波传输信息的通信方式。能传输声音、文字、数据和图像等。与有线电通信相比，不需要架设传输线路，不受通信距离限制，机动性好，建立迅速。但它的传输质量不稳定，信号易受干扰或易被截获，保密性差。

自从人类发明了电报和电话后，信息传播的速度不知比以往快了多少倍。电报、电话的出现缩短了各大陆、各国家人民之间的距离感。但是，当初的电报、电话都是靠电流在导线内传输信号的，这使通信受到很大的局限。譬如，要通信首先要有线路，而架设线路受到客观条件的限制。高山、大河、海洋均给线路的建造和维护带来很大的困难。况且，极需要通信联络的海上船舶，以及后来发明的飞机，因它们都是会移动的交通工具，所以是无法用有线方式与地面人们联络。马可尼发明的无线电通讯技术，使通信摆脱了依赖导线的方式，是通信技术上的一次飞跃，也是人类科技史上的一个重要成就。

图为现代数位化电脑式无线电发报机

钢是一种合金，通常由铁和碳、锰、铬、钒和钨等元素结合而成。碳和其他元素起着硬化剂的作用，调整这些元素的量，就可以控制钢的特性，通常，加碳的钢会比铁更硬更强，但是其延展性则不如铁。

亨利·贝塞麦——转炉炼钢法的开创者
HENGLI·BEISAIMAI—ZHUANLULIANGANGFADEKAICHUANGZHE

古老的炼钢技术

炼钢技术，在相当古老的年代就已出现了。公元前15世纪，在亚美尼亚有一种叫做"渗碳法"的炼钢技术。其方法是把熟铁反复加热锤打，使碳素渗入熟铁表面。这种原始的炼钢技术一直被人们应用到18世纪。

这种古老的炼钢技术，曾经制造出锋利惊人的名剑宝刀。但由于这种"千锤百炼"的办法太费功夫，炼出来的钢铁数量有限，难以满足产业发展对大量钢铁的需要。

亨利·贝塞麦（1813~1898）

坩埚炼钢技术

1740年，英国的哈尔曼在印度古老的"坩锅"炼钢法的基础上，发明了一套现代的炼钢技术。他把生铁、碎玻璃和木炭盛在坩锅里，放在反射炉里从上加热，这样，生铁就可以熔化成钢而沉在坩锅底部，然后把它倒入模型里，冷后用来制造工具或武器。但这种炼钢法的产量仍然太小，一次最多只能炼几十公斤钢。

贝塞麦与转炉炼钢法

而真正发明现代炼钢技术的是英国人贝塞麦。贝塞麦生于英国的查尔顿，他的父亲是法国人，一生从事发明研究。贝塞麦在父亲的影响下，从小就喜欢搞发明。他在18岁时就因发明了邮票印刷机而闻名于世。

到1854年，英、法、土联军在近东和俄国展开了一场激战，即所谓克里米亚战争。贝塞麦在此期间发明了来复线，使大炮射程更远，打得更准。但由于当时制造大炮的钢铁质量低劣，致使发射中常因炮管破裂而影响发射。贝塞麦按照英国军事当局的指令，要研制坚固耐用的大炮，而解决这一问题的关键是炼出高质量的钢。为解决这一难题，他开始钻研冶金技术。他查遍了所有图书馆有关冶金技术方面的大量资料，考察了英格兰的炼铁厂，并创建了冶炼实验工厂。一天，贝塞麦正在实验工厂炼铁，他用鼓风箱往坩锅里吹风，偶然发现一块铁片粘在坩锅边上。当他取下这块铁片细看时，发现这是一块炼成了的钢。贝塞麦十分兴奋，决心揭开铁片变钢的奥秘。经过多次试验研究，终于弄清了原因：由于吹进了氧气，才使生铁中的碳大多被氧化而变成了钢。于是，他设计了一个从坩锅底部吹进大量氧气的方法。这样，一种新式转炉诞生了。

贝塞麦发明的炼钢转炉

这种转炉是一个罐形装置，架在转体上可以侧倾装料和卸钢。铁水倒入转炉，同时加入其他物料以清除杂质，然后强烈的热风通过炉底吹入。空气中的氧首先与铁生成氧化亚铁，氧化亚铁再把生铁中的锰硅等杂质氧化除去，再与生铁中的碳化合，生成二氧化碳从上边排出。

1855年7月的一天，贝塞麦用一根陶土制成的管往坩锅的铁水进行吹风试验时，突然从坩锅口飞出雨点般的火花，一刻钟之后，火花不见了，而火焰则由红变白，再变弱，最后完全消失了。贝塞麦迅速取出样品进行化验分析，证实这炼出来的确实是纯钢。以往要用几个星期才能炼成的钢，贝塞麦只用了十几分钟就完成了。1855年8月，贝塞麦在英国公开发表了他只用15分钟炼成纯钢的新技术。

转炉炼钢法的改进

贝塞麦发明的转炉只需十几分钟就可以炼出10吨以上的钢，这样能为建筑材料、机床及枪炮等大型武器的制造提供足够的原料。转炉炼钢法出现后，人们对它的改进仍在继续进行。1877年，英国人托马斯用碱性耐火材料给转炉加上了碱性内衬，使过去容易被磷腐蚀的转炉性能得到大幅度提高。

第二次世界大战后，1952年，奥地利的林茨公司和德纳威茨公司合作，研究出了氧气顶吹转炉炼钢法。这种转炉是从上部用高速喷嘴向炉里吹氧气，而不是从底部吹氧气，这样就扩大了炉子的容量，也提高了产品质量。目前现代化钢厂大都使用这种转炉。

爱迪生——1000多种发明的拥有者

AIDISHENG—1000DUOZHONGFAMINGDEYONGYOUZHE

➤ 爱迪生的童年

　　爱迪生诞生于1847年一个风雪之夜，出生后没多久，他爸爸就把他抱到街上去向别人夸耀，大家都叫他阿尔。小时候的爱迪生很爱发问，常常问一些奇怪的问题，让人觉得很烦，家人也好，路上的行人也好，都是他发问的对象，如果他对于大人的答复感到不满时就会亲自去实验。例如，有一次阿尔看到了一只母鸡在孵蛋，他就问妈妈为什么母鸡总是成天坐

爱迪生

知识链接

爱迪生的传说

　　在许多正式的文件之中都有着这样明确的记载：当爱迪生弥留之际，医生和爱迪生的许多亲友都围坐在他的床前，眼看他的呼吸已越来越微弱，心脏终于停止了跳动。可就在医生要宣布他死亡之际，他却突然又坐了起来，说了一句很奇怪的话："真是想不到——那边竟是如此的美丽……"。讲完之后，他才算正式地死亡了。这件事一直是个谜，虽然在很多正式的文件中都有记录，但一直没有人能解透这个谜。倪匡的卫斯理小说《头发》中也解释过这件事。

在那里呢？妈妈就告诉他母鸡在孵蛋，阿尔便想如果母鸡可以那我也一定可以，过了几天爸爸妈妈发现阿尔一直蹲在木料房里，不知道在做什么，当家人发现阿尔在孵蛋的时候每个人都捧腹大笑了起来。

　　8岁的时候阿尔去上小学了，可是他只上3个月的课就退学了，阿尔在上课的时候，妈妈常被叫到学校去跟老师说话，这是因为阿尔常常提出一些老师认为很奇怪的问题，老师认为他是一个低能儿童，于是妈妈就决定自己来教导阿尔，并决心把阿尔教成一位伟大的天才，就这样阿尔开始了他的自学课程，阿尔被妈妈教的很好，后来阿尔也得到了允许，可以在地下室里设置一个实验室，为了不让别人乱动他的实验品阿尔还想出妙计，就是在每一个实验品的瓶子上贴上毒药标签。

爱迪生为了搞实验，往往连续几天不出实验室，不睡觉。实在累得不行了，就用书当枕头在实验桌上打个盹。有一天，他的朋友开他得玩笑说："怪不得爱迪生懂得那么多得发明，原来他连睡觉都在吸收书里的营养。"

天才发明家

1868年，爱迪生以报务员的身份来到了波士顿。同年，他获得了第一项发明专利权。这是一台自动记录投票数的装置。爱迪生认为这台装置会加快国会的工作，会受到欢迎的。然而，一位国会议员告诉他说，他们无须加快议程，有的时候慢慢地投票是出于政治上的需要。从此以后，爱迪生决定，再也不搞人们不需要的任何发明。1869年6月初，他来到纽约寻找工作。当他在一家经纪人办公室等候召见时，一台电报机坏了。爱迪生是那里唯一一个能修好电报机的人。10月他与波普一起成立"波普—爱迪生公司"，专门经营电气工程的科学仪器。在这里，他发明了"爱迪生普用印刷机"。他把这台印刷机献给华尔街一家大公司的经理，经理给了他4万美元的价钱。爱迪生用这笔钱在新泽西州纽瓦克市的沃德街建了一座工厂，专门制造各种电气机械。他通宵达旦地工作，培养出了许多能干的助手，同时，也遇到了他的第一任妻子玛丽。在纽瓦克，他做出了诸如蜡纸、油印机等的发明，从1872至1875年，爱迪生先后发明了二重、四重电报机，还协助别人制造了世界上第一架英文打字机。

爱迪生在实验室

威廉·拉姆赛（1852~1916），英国化学家，1904年，因"发现空气中的惰性气体元素，并确定它们在元素周期表中的位置"，被授予诺贝尔化学奖。

威廉·拉姆赛——霓虹灯的发明者
WEILIAN·LAMUSAI—NIHONGDENGDEFAMINGZHE

霓虹灯是城市的美容师，每当夜幕降临时，华灯初上，五颜六色的霓虹灯就把城市装扮得格外美丽。那么，霓虹灯是怎样发明的呢？

拉姆赛的意外发现

据说，霓虹灯是英国化学家威廉·拉姆赛在一次实验中偶然发现的。那是1898年6月的一个夜晚，拉姆赛和他的助手正在实验室里进行实验，目的是检查一种稀有气体是否导电。

拉姆赛把一种稀有气体注射在真空玻璃管里，然后把封闭在真空玻璃管中的两个金属电极连接在高压电源上，聚精会神地观察这种气体能否导电。突然，一个意外的现象发生了：注入真空管的稀有气体不但开始导电，而且还发出了极其美丽的红光。这种神奇的红光使拉姆赛和他的助手惊喜不已，他们打开了霓虹世界的大

威廉·拉姆赛1904年获得的诺贝尔化学奖章

门。拉姆赛把这种能够导电并且发出红色光的稀有气体命名为氖气。后来，他继续对其他一些气体导电和发出有色光的特性进行实验，相继发现了氩气能发出白色光，氩气能发出蓝色光，氦气能发出黄色光，氪气能发出深蓝色光……不同的气体能发出不同的色光，五颜六色，犹如天空美丽的彩虹。霓虹灯也由此得名。

霓虹灯的制造法

制造霓虹灯的办法，是采用低熔点的钠——钙硅酸盐玻璃做灯管，根据需要设计不同的图案和文字，用喷灯进行加工，然后烧结电极，再用真空泵抽空，并根据要求的颜色充进不同的稀有气体而制成。现在制造的霓虹灯更加精致，有的将玻璃管弯曲成各种各样的形状，制成更加动人的图形；还有的在灯管内壁涂上荧光粉，使颜色更加明亮多彩；有的霓虹灯装上自动点火器，使各种颜色的光次第明灭，交相辉映，使城市之夜变得绚丽多彩。

威廉·拉姆赛